사는 일은 밥처럼 물리지 않는 것이라지만
때로는 허름한 식당에서 어머니 같은 여자가
끓여주는 국수가 먹고 싶다.
이상국 시인의 <국수가 먹고 싶다> 중에서

당신은 일상처럼 베트남을 마시고 있네요.
알고 있나요? 당신이 마시는 커피 열잔 중 네 잔엔 베트남의
향기와 햇살과 영혼이 담겨있다는군요.

당신에게
다낭을 보냅니다

여행상품 기획자. 현장 조사를 하여 여행상품을 기획하는 사람입니다. 고객의 예약
을 관리하고 운영하는 일도 주요 업무입니다. 지금은 사진과 영상 등 여행 콘텐츠
기획을 담당하고 있지만, 한동안 대형 여행사의 인도차이나반도 여행상품을 기획
하고 운영했습니다. 하노이, 하롱베이, 다낭, 나트랑, 호찌민, 붕타우…… 상품 기획
을 하면서 베트남의 많은 도시를 경험했습니다. 도시들은 저마다 다른 빛깔과 향기
를 품고 있었습니다. 그중에서도 다낭은 특별했습니다.

다낭은 휴양과 관광이 동시에 가능한 흔치 않은 도시다. 그뿐이 아닙니다. 위아래로
후에와 호이안이라는 아주 매력적인 세계문화유산 도시까지 거느리고 있습니다.
휴양과 관광은 물론 여기에 더해 고도 산책까지 가능한 곳입니다. 게다가 남부지방
보다 더위가 덜해 계절에 상관없이 언제 가도 좋은 도시입니다.

이 책은 여행상품 기획자의 경험과 다낭의 매력에 빠진 여행자의 시선이 함께 녹아
들어있습니다. 현지에 거주하는 친구들과 소통하며 얻은 최신 여행 정보도 아낌없
이 풀어 놓았습니다. 특별 주제로 구성한 '테마 여행'은 다낭을 즐기는 14가지 방법
을 알려줍니다. 핵심이 되는 여행지는 비교적 자세하게 풀어내려고 애썼습니다. 맛
집과 카페 정보는 당신을 차원이 다른 남국의 미식 세계로 초대합니다. 호텔과 리조
트 정보는 가성비, 가심비, 호캉스, 럭셔리 등으로 구분하여 선택의 폭을 넓혀놓았
습니다. 그리고, 책에 나오는 모든 장소에 구글 좌표를 표기했습니다. 구글 좌표가
여러분을 다낭과 호이안, 후에 구석구석으로 안내해줄 것입니다. <어반 플러스 다
낭>이 당신을 위한 특별한 가이드가 되길 기대합니다.

김문환

CONTENTS

바나 힐과 다낭 근교

책 속 아이콘 일러두기
◉ 명소 🍴 맛집 ☕ 카페 🛍 숍
📍 구글 맵 좌표 🚶 찾아가는 방법 🏠 주소 📞 전화 🕐 영업시간 💰 가격 ☰ 홈페이지

INTRO

HUE
베트남 마지막 왕조의 숨결이 흐른다

#왕궁과 성채 #아름다운 사원 #정원 같은 왕릉
후에는 성채의 도시이다. 사방 10km의 성채가 왕궁을
감싸고 있다. 왕궁 서쪽 흐엉 강변엔 한적하고 아름다
운 티엔무 사원이 있다. 베트남에서 가장 크다는 7층
석탑이 아름답고 화려하다. 고딕 양식으로 지은 카이
딘 왕릉, 궁궐처럼 넓은 민망 왕릉과 뜨득 왕릉도 꼭 가
봐야 할 스폿이다. 후에를 여행하는 순간, 당신은 '어제
의 베트남'을 만나게 된다.

>> **ONE MORE**
베트남 일반 정보
국명 베트남사회주의공화국
수도 하노이
면적 약 33만㎢(한반도의 1.5배)
인구 약 9천 6백만 명
종교 불교, 가톨릭, 까오다이교
통화 동(DONG, VDN으로 표기)
화폐 단위 500동, 1천동, 2천동, 1만동, 2만동, 5만동, 10만동, 20만동,
50만동(10만동은 우리 돈으로 약 5천원, 20만동은 약 1만원)
비행시간 4시간 40분
시차 우리보다 2시간 늦다(한국 시각 12시/현지 시각 10시)
현지 교통편 여행자는 택시 또는 그랩을 이용하고, 현지인은 주로 오
토바이를 이용한다.
전압 우리와 같은 220V이다.
비자 15일 이내는 무비자이다.
홈페이지 https://vietnam.travel

Preview
다낭 한눈에 보기

DA NANG
베트남 중부의 휴양 도시

#미케 비치 #오행산 #바나 힐 #한강 야경
"종려나무 가로수들이 지나가고 있었다……무슨 그림엽서에 나오는 휴양지 같았다." 황석영은 그의 소설 <무기의 그늘>에서 다낭의 매력을 이렇게 표현했다. 아름다운 미케 해변과 논느억 해변, 해변에 들어선 매혹적인 리조트, 하롱베이를 축소해서 옮겨놓은 듯 신비로운 오행산, 산속의 테마파크 바나 힐, 한강 야경과 용다리 불 쇼. 다낭의 매력은 끝이 없다.

하노이

다낭

호찌민

랑코

하이반 패스

HOI AN
매혹적인, 너무나 매혹적인

#올드 타운 #안방 비치 #끄어다이 비치
유네스코가 인정한 세계문화유산의 도시. 단언컨대, 호이안은 베트남에서 가장 매력적인 도시이다. 프랑스와 중국, 베트남 양식이 융합된 올드 타운은 골목이 하나같이 아름다워 저절로 카메라를 들게 만든다. 구시가를 벗어나면, 그곳은 푸른 바다다. 안방 비치와 끄어다이 비치, 그리고 매혹적인 리조트가 당신을 기다리고 있다.

몽키 마운틴

린응사

미케 비치

다낭

한강

오행산

논느억 비치

● 바나 힐

안방 비치

호이안 ● 끄어다이 비치

투본강

미썬 유적지

Weather

다낭 날씨와 기온

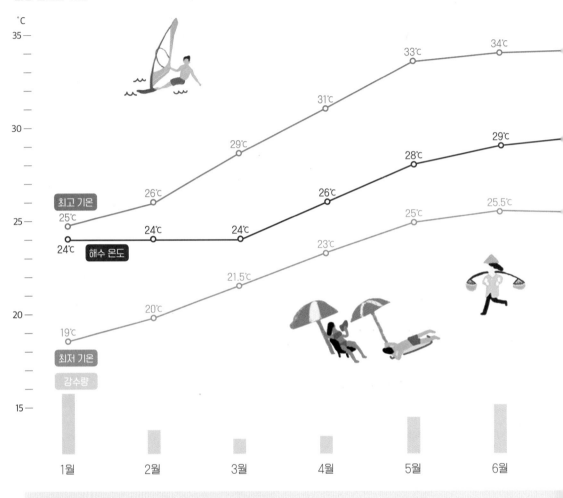

1~2월

 최고 기온
25~27℃

기온이 낮아 여행하기 좋다. 우리나라 초여름 날씨와 비슷하다. 해수 온도가 낮아 수영이나 해양 스포츠를 즐기기엔 조금 이르다. 1월은 우기의 끝물이고, 2월부터는 건기가 시작된다. 패션은 얇은 긴 팔이 적당하다.

3~4월

 최고 기온
31℃

한낮 온도가 31℃까지 올라간다. 본격적인 건기이므로 비가 거의 내리지 않는다. 해수 온도도 20도 중후반까지 올라가 수영이나 해양 스포츠를 즐기기에 좋다. 자외선 차단제가 필요하며, 옷은 반 팔이 더 어울린다.

5~8월

 최고 기온
33~34℃

한낮 온도가 33~34℃까지 올라간다. 대체로 비가 적은 편이나 간혹 30분~1시간 동안 갑자기 스콜이 내린다. 습기가 많아져 날씨가 후텁지근하고 푹푹 찐다. 한낮에는 야외 활동을 자제하는 편이 좋다.

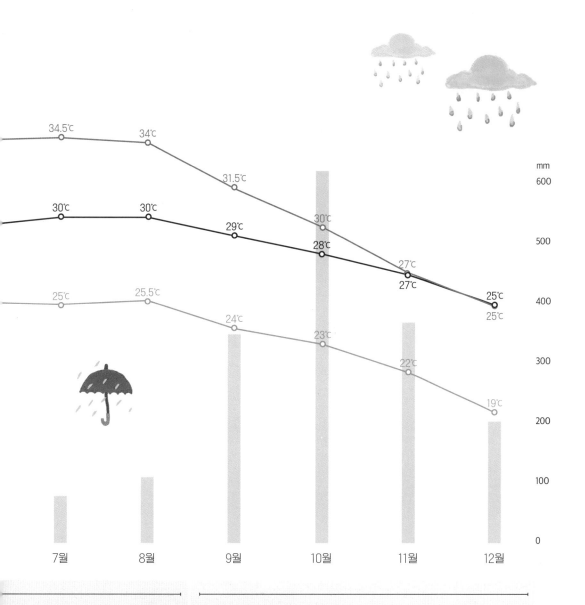

	mm
34.5℃	600
34℃	
31.5℃	
30℃ 30℃	
29℃	500
30℃	
28℃	
27℃	
27℃	
25℃	400
25℃ 25.5℃	25℃
24℃	
23℃	300
22℃	
19℃	200
	100
	0

7월   8월   9월   10월   11월   12월

건기 2월~8월

1월은 우기의 끝물이고, 2월부터 건기가 시작된다. 3월과 4월이 건기의 절정이다. 여행하기 가장 좋은 계절이다. 5월~6월도 비가 적다. 7~8월도 건기이지만 종종 스콜이 내리고 온도와 습도가 높다.

9~12월

🌡️ 최고 기온
31℃

최고 기온이 9월엔 31℃까지 오르지만, 12월엔 25℃까지 떨어진다. 본격적인 우기이다. 대체로 30분~1시간 정도 비가 내리지만 어떤 때는 폭우가 쏟아지기도 한다. 우비나 우산을 꼭 챙겨야 한다.

우기 9월~1월

우기는 9월부터 이듬해 1월까지 이어진다. 9월부터 11월까지가 절정을 이룬다. 우기에는 우산과 우비를 꼭 챙겨야 한다.

Key Information

다낭 여행 핵심 정보 7가지

01
번역 앱 활용법
베트남어 몰라도 OK!

의사소통이 힘들 땐 스마트폰 번역 앱을 이용하자. 하고자 하는 말을 빈 칸에 적으면 곧바로 베트남어로 번역해준다. 음성 번역도 가능하다. 스마트폰 번역 앱에 소리로 말하고 음성 버튼을 누르면 소리로 번역 해준다. 영상 번역도 해준다. 식당 등에서 글자를 모를 땐 사진 을 찍어 앱을 작동시키자. 구글 번역 앱, 네이버 파파고 번역 앱을 많이 사용한다.

02
구글 지도
100% 활용법

구글 지도는 자유 여행자에게 꼭 필요한 앱이다. 명소와 맛집의 이름이나 주소를 검 색하면 위치를 찾아주고, 현재 위치에서 가는 경로도 알려준다. 여기에 '내 장소' 기능 까지 활용하면 매번 검색어를 입력하는 번거로움을 해결할 수 있다. 게다가 편리하 고 효율적으로 여행할 수 있다.

'내 장소' 만들기
구글 맵으로 나만의 여행 지도를 만들 수 있다. 지도에서 원하는 장소를 선택한 후 저 장 아이콘만 누르면 된다. 해당 지역의 지도를 열면 저장한 장소들이 별 모양하트, 깃발 모양으로도 선택 가능으로 표시되어 동선을 한눈에 파악하기 좋다. 또 '내 장소'에 저장된 장소를 선택하면 찾아가는 방법을 자세히 안내해준다. 구글 계정으로 로그인한 후에 는 컴퓨터와 모바일이 서로 연동되어 언제든 업데이트할 수 있다.

내 장소 만드는 방법
① 스마트폰에서 만들기
가고 싶은 곳을 지도에서 검색한다. → 화면 하단에 장소 이름이 나오면 손가락으로 터치한다. → 저장 아이콘을 누른다 → 하트즐겨 찾는 장소, 깃발가고 싶은 장소, 별 모양별표 표시 장소 아이콘 중에서 하나를 누른다.

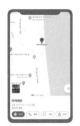

② 컴퓨터에서 만들기
가고 싶은 곳을 구글 지도에서 검색한다. → 왼쪽 정보창에서 저장 아이콘을 누른다. → 하트, 깃발, 별 모양 아이콘 중에서 하나를 누른다.
*지도 위에 해당 장소의 위치가 노란색 별 또는 하트, 깃발로 표시되면 저장이 완료되었다는 뜻이다.

03
그랩 이용방법
베트남의 카카오 택시

다낭은 대중교통이 불편하다. 현지인들이 오토바이를 많이 이용하는 이유이다. 여행객은 주로 택시, 그랩 택시, 기사 딸린 렌터카 택시, 호텔 셔틀버스를 이용한다. 그랩Grab은 베트남을 비롯한 동남아의 승차 공유 플랫폼이다. 우리나라의 카카오톡 택시 서비스라고 생각하면 된다. 그랩은 앱만 내려받으면 편리하고 합리적인 가격에 택시를 이용할 수 있다. 목적지를 입력하면 요금을 미리 확인할 수 있어서 좋다. 택시 호객꾼을 피하고 싶거나 일반 택시 기사에게 사기 요금을 지급할까 걱정된다면 그랩을 이용해보자. 다만, 장거리는 택시나 기사 딸린 렌터카보다 가격이 비쌀 때도 있다. 이럴 땐 가격을 비교하고 결정하자.

그랩 사용법
① 그랩 앱 설치
② 그랩 앱 실행 후 회원가입
　전화번호 기재 후 문자로 전송된 인증 번호를 통해 인증을 마치면 가입이 된다. 페이스북, 구글 계정과도 연동이 된다.
③ 출발과 도착지 설정 탑승을 원하는 지역과 도착지를 입력한다.
④ 원하는 차량선택 차량은 4인승, 7인승 등 다양하다.
⑤ 예약한 택시번호를 확인
⑥ 택시번호 확인 후 탑승
⑦ 도착지에 내린 후 비용 지급

회원 가입　　　　　　　　　　　　차량 선택

추가정보
① 그랩은 예약 시 가격이 노출되므로 추가 요금을 내지 않아도 된다.
② 다낭 공항에서 그랩 이용 시, 차량 크기에 따라 톨게이트 비용1만~1만5천동을 추가 지급해야 한다. 이건 일반 택시도 마찬가지다. 다만, 공항에 머물러 있던 그랩이나 택시는 이미 톨비를 지급하고 들어왔으므로 다시 내지 않는다.
③ 소량의 잔액은 거스름돈이 없을 시, 받지 못할 수도 있다.
④ 택시 운전사가 마음에 들었다면 좋은 후기를 남겨주자.
⑤ 가격은 일반 택시보다 저렴할 때도 있고 때로는 조금 비쌀 때도 있다.
⑥ 앱은 한국에서 미리 설치해두면 편리하다.

04
환율과 환전 정보

환율은 20대 1이다
베트남 화폐 단위는 동VND이다. 환율은 약 20 대 1이다. 우리 돈에서 20을 곱하면 베트남 동과 가치가 비슷하다. 우리 돈 1천원이면 베트남 화폐로 약 2만동, 1만원이면 약 20만동이다.

달러 환전 후 현지에서 베트남 화폐로
국내에서 달러로 환전한 후 현지 호텔과 환전소에서 베트남 화폐로 환전하는 게 가장 유리하다. 국내 은행에서 베트남 화폐로 환전할 수 있으나 위 방법보다 수수료가 더 많이 든다. 100달러 같은 고액권 환율이 더 좋다. 1달러는 베트남 화폐로 약 2만 2천동이다.
화폐 종류로는 5백동, 1천동, 2천동, 5천동, 1만동, 2만동, 5만동, 10만동, 20만동, 50만동이 있다. 모두 지폐이다. 환전 후에는 환율에 맞게 환전했는지 현장에서 곧바로 계산하는 걸 잊지 말자.

환전은 얼마나 할까?
현지 경비의 50% 이내를 베트남 화폐로 환전하는 게 좋다. 호텔, 이름난 카페와 음식점, 쇼핑센터 등에서는 달러 사용이 가능하고, 호텔에서는 신용카드도 사용할 수 있기 때문이다. 1만동에서 10만동까지 화폐 단위별로 골고루 환전하는 게 좋다. 바나힐, 선짜 반도, 호이안이나 후에를 택시, 그랩, 기사 딸린 렌터카로 이동할 계획이라면 10만동 이상의 고액권도 준비하는 게 좋다.

05
다낭으로 가는 방법

인천공항에서
대한항공, 아시아나, 제주항공, 티웨이, 베트남항공, 이스타, 진에어, 비엣젯, 에어서울 등 많은 항공사가 다낭 국제공항으로 매일 운항하고 있다. 4시간 40분 소요

김해공항에서
대한항공, 아시아나, 제주항공, 티웨이, 에어부산, 진에어가 매일 운항하고 있다. 4시간 40분 소요

대구공항에서
제주항공, 티웨이, 에어부산, 비엣젯에서 매일 운항하고 있다. 4시간 40분 소요

≫TRAVEL TIP
다낭 국제공항
공항이 도심에서 가깝다. 시내까지 택시로 10~15분, 미케 비치까지 20여 분이면 도착할 수 있다. 비행기가 대부분 다낭 공항에 밤늦게 도착하기 때문에 환전소 등 몇몇 시설을 제외하고는 문을 닫는다. 공항이 아담해 택시와 셔틀버스를 타는 출구까지 금방 도착한다.

06
공항과 시내 교통편

정식 등록된 택시 브랜드
띠엔사Tien Sa 노란색 +84 511 3797 979
비나썬Vinasun 하얀색 +84 511 3686 868
마이린Mai Linh 초록색 +84 511 3565 656

공항에서 숙소까지는 보통 택시, 그랩 택시, 호텔 셔틀버스 이용한다. 택시를 탈 경우, 목적지까지 가는 요금을 미리 확인하자. 택시와 택시 정류장에 목적지 별 요금표가 붙어 있다. 택시는 등록 택시와 비등록 택시가 있다. 꼭 등록된 브랜드 택시를 이용하자. 그랩 택시는 위에서 설명한 방법대로 활용하면 된다. 호텔 셔틀버스는 운행 여부, 운행 시간, 비용 유무 등을 미리 확인하자.

>> ONE MORE
시내 및 근교 투어는 택시나 그랩, 렌터카로
다낭의 대중 교통편은 버스와 택시, 그랩, 렌터카가 대표적이다. 버스는 정류장이 적고, 체계적이지도 않다. 시내를 이동할 때는 도보, 또는 택시를 주로 이용하고, 요즘엔 어플로 호출이 가능한 그랩을 많이 이용하는 추세다. 호텔이나 리조트에서 셔틀버스를 제공한다면 사전에 확인하여 이를 활용하는 것도 좋다. 현지 여행사의 투어 프로그램도 제법 잘 갖추어져 있다. 호텔과 리조트에서 투어 프로그램을 운영하기도 한다.

07
무선 인터넷
무엇이 좋을까?

숙소와 음식점 등에서는 대부분 무료 와이파이를 이용할 수 있다. 하지만 이동이 잦은 여행지에서는 적합하지 않다. 모바일 인터넷을 이용하려면 현지 심 카드, 포켓 와이파이, 로밍 서비스 중에서 선택하면 된다. 혼자서 여행할 때는 현지 심 카드 가성비가 제일 좋다. 2명 이상이 5일 이내로 여행할 땐 포켓 와이파이가 편리하다. 로밍 서비스는 간편하지만 좀 비싼 게 흠이다.

휴대전화 유심 카드
다낭 공항이나 시내의 휴대폰 가게에서 쉽게 구입할 수 있다. 통신사는 비나폰Vinaphone과 모비폰Mobifone, 비에텔Viettel이 있다. 유심 카드 종류는 다양하다. 여행자들은 12만동6달러에 4GB 용량을 사용할 수 있는 비나폰 요금제를 많이 사용하는 편이다. 직원이 직접 설치와 세팅을 해주어 편리하다. 새벽에 다낭 공항에 도착해도 유심 카드를 살 수 있는 가게가 있으므로 참고하도록 하자.

포켓 와이파이
휴대하는 소형 와이파이 기계로, 여러 명이 사용할 때 최고이다. 최대 10인까지 단말기 한 대로 와이파이를 무제한 사용할 수 있다. 인터넷으로 예약 후 인천공항에서 기계를 받고 귀국할 때 다시 반납하면 된다. 로밍 서비스보다 데이터 속도가 만족스럽다. 와이파이를 항상 휴대하고 매일 충전해야 한다. 이동 통신사 대여 요금은 1일 10,000~11,000원, 포켓 와이파이 전문 업체는 1일 5,000원~6,000원이다.

로밍 서비스
가장 간편한 방법이지만 비용이 많이 든다. 자동 로밍은 되지만 데이터는 통신사에서 신청해야 한다. 인천공항에서 해도 된다.

무료 와이파이
거의 모든 호텔과 리조트, 음식점, 카페에서 무료 와이파이를 사용할 수 있다. 다만, 우리처럼 인터넷이 빠르지 않다.

Special Theme

다낭을 특별하게 여행하는 14가지 방법

조금만 정보를 모으고, 조금만 기획하면 여행이 더 특별해질 수 있다.
미식 여행, 카페 투어, 아오자이 체험, 호캉스, 스파와 네일, 낭만이 넘치는 루프
톱 바까지, 남다른 여행을 꿈꾸는 당신을 위해 14가지 테마 여행을 준비했다.

Food Collection

다낭 대표 음식 열전

<미식 예찬>의 저자 장 앙텔므 브리야 사바랭은 새
로운 요리는 새로운 별을 발견하는 것보다 사람을
더 행복하게 한다고 말했다. 당신을 행복하게 해줄
미식의 세계로 초대한다.

»TIP
앞글자를 알면 어떤 음식인지 알 수 있다
음식 이름 앞에 붙은 낱말의 뜻을 알면 음식의 종류를 쉽게 짐작할 수 있다. 밥은 껌
Com이라고 부른다. 여기에 볶음, 튀김을 뜻하는 찌엔을 붙이면 볶음밥Com Chiên
이다. 쌀국수에는 대부분 분Bún 또는 미Mi 자가 앞에 붙는다. 분짜까, 분보후에, 분
팃느엉, 미꽝처럼 말이다. 떡과 빵에는 반Bánh 자가 붙는다. 반미, 반쎄오, 반코아이,
반바오반박이 좋은 예이다.

퍼 Phó 쌀국수

쌀로 만든 면에 뜨거운 육수, 고기, 숙주, 고수 같은 향채를 넣어 먹는 베트남 대표 음식이다. 우리가 흔히 접하는 쌀국수가 여기에 해당한다. 닭고기 쌀국수는 Phó Gà퍼가, 소고기 쌀국수를 Phó Bò퍼보라 부른다.

껌찌엔 Cơm Chiên

베트남식 볶음밥이다. 우리나라 쌀밥보다 찰기가 떨어지지만, 베트남 음식이 입에 맞지 않을 때 편하게 주문해 먹기 좋다. 채소 볶음과 같이 먹으면 맛이 더 좋다. Cơm은 밥, Chiên은 볶음과 튀김이라는 뜻이다.

스테이크 Steak

다낭엔 스테이크 맛집이 많다. 프랑스의 식민 지배 영향도 있지만, 미군의 영향이 더 크다. 베트남 전쟁 때 월남 땅이었던 다낭엔 미국 해병대가 주둔하고 있었다. 그때 미군에 의해 스테이크가 이식되었다.

까오러우 Cao Lầu

호이안에서 유래한 비빔국수이다. 국물이 적은 국수 가운데 하나이다. 자작한 육수에 쌀국수, 구운 돼지고기, 쌀과자 튀김, 숙주와 채소, 허브 등을 넣어 비벼 먹는다. 돼지고기와 면, 채소의 조화가 깊은 풍미를 준다.

반미 Bánh Mì

식민지 시절 프랑스의 영향으로 생긴 베트남식 샌드위치이다. 기다란 빵을 반으로 가르고, 그 사이에 고기와 갖가지 채소를 넣어 먹는다. 베트남 사람들의 대표적인 간식거리 가운데 하나이다. 호이안의 반미가 유명하다.

모닝글로리 Morning Glory

공심채. 베트남어로는 자우 무옹 싸오 또이 Rau Muống Xào Tỏi라고 부르지만 모닝글로리란 이름이 더 친숙하다. 한국인에게 인기가 좋은 채소이다. 고소한 데다 마늘이 더해져 느끼한 음식 맛을 균형 있게 잡아준다.

화이트로즈 White Rose

하얀 장미처럼 생긴 베트남식 딤섬이다. 쌀로 만든 만두피 안에 새우를 넣어 만든다. 식감이 부드럽고 쫄깃하다. 베트남어로 반바오반박Bánh Bao, Bánh Vạc이다. 만두피와 케이크 꽃떡 꽃이라는 뜻이다.

호안탄 Hoành Thánh Chiên

환탄, 완탄이라고도 불린다. 정식 이름은 호안탄찌엔Hoành Thánh Chiên이다. 반짱 Bánh Tráng이라는 라이스 페이퍼를 튀긴 다음 그 위에 토마토와 고수 등을 올린 음식이다. 식감이 바삭하고 상큼하다.

미꽝 Mì Quảng

다낭 지방의 명물 국수이다. 미꽝의 미Mì는 국수를 뜻한다. 국물이 적으며 면이 우동처럼 두툼하다. 연노랑 면에 새우나 고기, 고수, 뻥튀기 과자, 채소를 올리고 국물을 섞어서 먹는다. 매콤한 고추를 넣으면 풍미가 더 좋다.

분틋느엉 Bún Thịt Nướng

하노이의 분자에 비견되는 쌀국수이다. 베트남 중부 지방식 분자라고 보면 된다. 쌀국수에 양념 돼지고기, 채소, 땅콩가루, 느억맘 소스액젓 소스를 넣어 비벼 먹는다. 분Bún은 면, 틋Thịt은 고기, 느엉Nướng은 굽는다는 뜻이다.

고이꾸온 Gỏi Cuốn, 스프링롤

흔히 월남쌈이라고 부른다. 라이스 페이퍼에 작은 새우, 부추, 고기, 야채, 향신채를 넣고 둥글게 말아 먹는다. 우리의 된장과 비슷한 '뜨엉에' 소스, 또는 땅콩 소스에 찍어 먹는다. 향신채를 싫어하면 빼달라고 하면 된다.

분짜까 Bún Chả Cá

다낭에서 즐겨 먹는 어묵 국수이다. 하노이의 유명한 국수 요리 분짜Bún Chả와 생선과 어묵을 뜻하는 까Cá가 합쳐진 합성어다. 분짜에 어묵을 더한 국수라고 생각하면 된다. 여기에 채소와 파, 고추를 추가해 먹는다.

반쎄오 Banh Xeo

반달 모양의 베트남식 부침 요리이다. 우리나라의 빈대떡, 부침개와 비슷하다. 쌀가루 반죽을 둥글게 부친 뒤 새우, 돼지고기, 채소를 올려 반으로 접어 먹는다. 후에에서는 반코아이Bánh Khoai라고 부른다.

분보후에 Bún Bò Huế

매콤한 쌀국수이다. 분Bún은 국수, 보Bò는 소고기, 후에Huế는 고도 후에를 뜻한다. 소고기로 육수를 내 만든 후에의 전통 쌀국수이다. 레몬그라스와 칠리 같은 향신료가 사용되며, 고기를 고명으로 올려준다.

넴루이 Nem Lụi

완자를 채소와 라이스페이퍼에 싸 먹는 음식이다. 소시지처럼 생긴 꼬치고기 완자를 라이스페이퍼에 올린 다음 땅콩 소스에 찍어 먹거나, 채소와 숙주 등을 더해 땅콩 소스에 찍어 먹는다.

반베오 Bánh Bèo

쌀가루 반죽을 동그랗게 만든 뒤 작은 그릇에 쪄 돼지고기와 새우 가루를 얹어 느억맘 소스Nuocmam, 액젓 소스에 찍어 먹는다. 왕의 도시 후에에서 유래한 전통 음식 가운데 하나이다.

짜조 Chả Giò

베트남식 튀김 만두로 프라이드 스프링롤 Fried Spring Roll Vietnamese이라고도 부른다. 쌀 만두피에 저민 돼지고기, 새우, 당근, 피망, 당면 등을 올려놓고 돌돌 말아 기름에 튀긴다. 보통 원통형이나 삼각뿔 모양도 있다.

분짜 Bún Chả

하노이를 중심으로 한 베트남 북부지방의 대표 쌀국수이다. 분짜의 '분'은 쌀국수, '짜'는 고운 고기라는 의미이다. 우리 말로 풀면 고기 쌀국수라는 뜻이다. 쌀국수에 구운 돼지고기, 향채, 채소를 넣어 느억맘 소스에 찍어 먹는다.

Street food
입을 즐겁게 해주는 다낭 길거리 음식

아보카도 아이스크림
소프트아이스크림과 간 아보카도, 코코넛 칩을 넣어 만든다. 시원하고 달콤하다. 코코넛 칩 식감이 더해져 고소하기까지 하다.

반쯤캡 Banh Chung Cap
베트남 부침개이다. 라이스페이퍼 위에 소고기, 고추, 파, 날 메추리 알을 토핑으로 올려 숯불에 구워 만든다. 맛은 고소하고 식감은 바삭하다.

반짱쫀 Banh Trang Tron
베트남 사람들이 즐겨 먹는 간식이다. 가늘게 자른 라이스페이퍼, 각종 채소, 채 썬 망고, 건새우, 메추리 알, 땅콩을 넣고 매콤한 소스에 버무려 만든다.

미싸오 Mixao
베트남 볶음국수이다. 면발이 가는 쌀국수 면에 돼지고기닭고기와 새우 같은 해산물을 넣기도 한다와 각종 채소를 넣고 볶아 만든다. 한국인 입맛에 잘 맞는다.

팃느엉 Thit Nuong
꼬치구이를 부르는 베트남 이름이다. 양념한 돼지고기가 주재료이다. Thit은 고기를, Nướng은 굽는다는 뜻이다. 주로 느억맘 소스에 찍어 먹는다. 느억맘 소스는 염장 생선을 발효시켜 만든다.

신또 Sinh To
과일 스무디 또는 과일 셰이크의 일종으로 베트남의 이름난 간식거리이다. 망고, 파파야, 수박, 파인애플 등 여러 열대과일에 연유를 넣어 만든다. 커피와 과일을 섞어 만들기도 한다.

반미 Banh Mi
베트남식 샌드위치이다. 식민지 시절 프랑스의 영향으로 생긴 베트남 중부의 대표적인 간식거리 가운데 하나이다. 호이안 반미가 유명하다.

TRAVEL TIP
쌀국수 맛있게 먹는 법

쌀국수엔 퍼보소고기 쌀국수와 퍼가닭고기 쌀국수가 있다. 두 가지 중에서 취향에 따라 선택하자. 쌀국수를 주문하면 국수와 함께 숙주, 고수, 레몬, 양파절임, 잘게 썰거나 다진 고추, 칠리소스, 해선장 소스가 나온다. 이들 부재료를 잘 활용하면 쌀국수를 더 맛있게 먹을 수 있다.

① 숙주는 국물이 뜨거울 때 국물 밑에 충분히 넣는다.
　그래야 숙주의 비린 맛이 없어지고 아삭아삭 씹혀 식감도 좋아진다.
② 고수는 취향에 따라 넣거나 뺀다.
③ 레몬을 충분히 뿌려 국수에 상큼한 맛을 더해준다.
④ 양파절임은 적당량 넣어준다. 새콤달콤한 맛을 즐기고 싶다면 충분히 넣는다.
⑤ 매운 고추를 적당히 넣어 칼칼한 맛을 더한다.
⑥ 매운맛을 강조하고 싶으면 칠리소스를 추가한다.
⑦ 칠리소스와 해선장 소스를 섞어 융합 소스를 만든 뒤 고기를 찍어 먹는다.
　취향에 따라 국수를 건져 찍어 먹어도 좋다.

Best Restaurant

도시별 베스트 맛집을 알려드릴게요

쌀국수, 스프링롤, 모닝글로리, 화이트로즈, 반쎄오, 그리고 스테이크와 베트남 스타일 샌드위치 반미……. 다낭은 먹는 즐거움을 주는 도시이다. 다낭과 호이안, 후에의 최고 맛집에서 다채로운 음식을 즐기자.

≫EATING TIP

고수는 빼주세요

쌀국수엔 대부분 고수가 들어간다. 고수가 소화를 돕고 항균 작용도 하기 때문이다. 하지만 강하고 조금 역겨운 향 때문에 호불호가 갈린다. 고수를 원치 않을 때는 주문할 때 다음과 같이 말하면 된다. 둘 다 '고수를 빼주세요'라는 뜻이다.

Không cho rau mùi. 콤 쩌 자우 무이
Dùng cho rau thơm nhé. 등 쩌 자우 텀 녜

🍴 쌀국수, 스프링롤, 반쎄오

Thiên Lý Restaurant
티엔 리

로컬 음식을 저렴하게 판매한다. 메뉴판에 한글 표기가 있어 주문하기 편하다. 반쎄오는 새우, 소고기 등 원하는 재료를 선택해서 주문할 수 있어 좋다. 민토안 갤럭시 호텔 근처에 지점이 있다.

◎ Thien Ly Danang style
🚶 노보텔 다낭호텔에서 서쪽으로 도보 8분

🍴 어묵 국수 맛집

Bun Cha Ca 109
분짜까 109

분짜까는 다낭에서 탄생한 어묵 국수이다. 하노이 음식 분짜에 어묵을 더한 것이다. 이 집의 분짜까는 하노이의 분짜 식당들만큼이나 식감이 뛰어나다. 주변에 제법 많은 분짜까 식당이 있지만 그중에서 군계일학이다.

◎ 분짜까 109 🚶 노보텔 다낭 호텔에서 남서쪽으로 도보 4분

🍴 스파게티, 쌀국수, 샐러드

Waterfront Restaurant & Bar
워터 프론트 레스토랑

한강을 감상할 수 있는 멋진 식당이다. 1층은 바, 2층은 레스토랑이다. 1층 바에서도 한강이 보이지만 2층 전망이 더 좋다. 서양식과 베트남 현지식 등 다양한 메뉴를 판매한다. 한글 표기 메뉴판이 있어 주문하기 편리하다.

◎ 워터 프론트 레스토랑 & 바
🚶 다낭 대성당에서 한강 방향으로 도보 3분

🍴 스테이크, 스파게티, 디저트

Paramount Steak & Coffee
파라마운트 스테이크

2018년 8월, 파빌리온 가든에서 가게 이름을 바꾸었다. 마치 정원에 온 것처럼 파릇파릇한 식물들이 가득하다. 야외 테라스를 비롯하여 인증샷 찍을 곳이 많아 좋다. 스테이크와 파스타, 커피, 디저트 등을 판매한다.

◎ Paramount Steak & Coffee
🚶 까오다이교 사원에서 북쪽으로 도보 6분

🍽 이탈리아 음식과 아시아 퓨전 음식

Fatfish Restaurant

팻피쉬 레스토랑

트립어드바이저 상위에 랭크된 맛집이다. 한강 동쪽 사랑의 부두
근처에 있다. 직원들이 영어에 능통해 이용하기에 편리하다. 가격
대는 비교적 높은 편이다.

📍팻피쉬 레스토랑 🚶사랑의 부두에서 강변 따라 북쪽으로 도보 2분

🍽 BBQ RIB이 맛있다

BBQ UN IN

비비큐 유엔 인

음식 맛이 좋아 늘 가게가 붐빈다. 특히 RIB이 맛있기로 유명하다.
세트를 주문하면 종류에 따라 사이드 메뉴를 2~4개까지 추가로
선택할 수 있어 고르는 재미가 있다. 직원들이 한국어를 조금 하
는 편이다.

📍BBQ UN IN 🚶사랑의 부두에서 북쪽으로 강변 따라 도보 5분

02 미케 비치 맛집

🍽 다낭 최고 스테이크

Babylon Steak Garden

바빌론 스테이크 가든

다낭에서 손꼽히는 스테이크 맛집이다. 여행자에게 인기가 많아 3
호점까지 생겼다. 치지 직! 불판 위에서 고기 구워지는 소리가 침
샘을 자극한다. 고기 맛이 좋고 분위기도 깔끔하다. 맛과 양 둘 다
최고다.

1호점 📍바빌론 스테이크 가든 🚶프리미어 빌리지 리조트 서쪽 맞은 편

🍽 모닝글로리, 볶음밥, 망고 주스

Lam Vien

람비엔

정원이 아름답고, 빌라 느낌이 나는 2층 레스토랑이다. 2017 APEC
정상회담 때 문재인 대통령이 다녀가 더 유명해졌다. 한국어 메뉴
판이 있어 주문하기 편하다. 모닝글로리와 반쎄오, 해산물 볶음밥,
새우 요리, 망고 주스 맛이 좋다.

📍람비엔 🚶프리미어 빌리지 리조트 서쪽 도로에서 도보 3분

 씨푸드 맛집

Quan Thanh Hien 꽌탄히엔

미케 비치 앞 원형 교차로 근처에 있다. 가격이 표기되어 있어 주문
하기 좋다. 다만 날마다 재료에 따라 가격이 달라지니 벽에 표기된
대형 메뉴판을 확인하자. 가격 대비 신선도가 훌륭하다. 현지 분위
기를 느끼기에도 좋다.

◎ Quan Thanh Hien

🚶 미케 비치 원형 교차로에서 남쪽으로 1분 이내

한국 음식

Arirang 아리랑

다낭에 한국 식당이 제법 늘었지만 그래도 아리랑만 한 곳은 많지
않다. 국내보다 가격이 좀 비싼 게 흠이지만 그래도 평균 이상의 만
족감을 준다. 다낭에선 한국관구글 좌표 Nhà hàng Hàn Quốc-Mirim
과 쌍벽을 이룬다.

◎ 16.071388, 108.234702 Nhà hàng Arirang Danang

🚶 한강교와 미케 비치 사이, K마트 다낭 본점에서 도보 3분

베트남 전통 음식

Citron Restaurant

시트론 레스토랑

인터콘티넨탈 다낭 썬 페닌슐라 리조트에 있다. 발코니의 야외 식
사 부스가 특히 매력적이다. 야외 발코니 부스는 자리 잡기가 힘들
다. 투숙객이 아니라면 방문 며칠 전에 예약하는 게 좋다.

◎ 다낭 인터컨티넨탈

🚶 미케 비치에서 차로 15분, 다낭 공항에서 차로 25분

최고급 프랑스 레스토랑

LA MAISON 1888 라메종 1888

최고급 프랑스 레스토랑

인터콘티넨탈 다낭 선 페니슐라 리조트에 있다. CNN이 선정한 2016
년 'world's best new restaurants 10' 중 한 곳이기도 하다. 약간의 예
의를 갖춘 드레스 코드가 필요하다. 7살 이하의 동반 불가하다.

◎ 인터콘티넨탈 다낭

🚶 미케 비치에서 차로 15분, 다낭 공항에서 차로 25분

쌀국수, 화이트로즈, 치킨 샐러드

Hai Cafe 하이 카페

식당 입구 세움 간판에서 대략적인 메뉴를 확인할 수 있다. 한국어 메뉴판이 있어서 주문하기 편리하다. 식당 분위기가 좋다. 넓은 마당에 테이블이 가득하다. 마당 한편에서 그릴 요리를 구워준다. 실내에도 테이블이 있다. ◎ Hai Cafe Hoi An 🚶 내원교에서 동쪽으로 도보 2분

분짜, 쌀국수, 짜조

Pho Xua 포슈아

한국인 입맛에 잘 맞는 편이다. 쌀국수뿐만 아니라 짜조프라이드 스프링롤와 북부지방 전통 음식인 분짜도 맛있다. 가격이 저렴한 편이다. 푸젠 회관과 호이안 시장에서 가깝다. ◎ 포슈아 호이안 🚶 푸젠회관 북쪽으로 도보 2분

비빔국수, 호안탄, 수박 주스

Miss Ly 미스리 호이안

한국인에게 유명한 음식점이다. 주메뉴는 호이안 전통 비빔국수 까오라우와 호안탄환탄, 완탄이다. 호안탄은 식감이 바삭하고 상큼하다. 화이트로즈도 베스트 메뉴이며, 음료는 수박 주스 인기가 좋다. ◎ 미쓰리 호이안 🚶 호이안 시장에서 북쪽으로 도보 1분

반미

The Banh Mi Queen 마담콴 반미퀸

반미는 베트남에 가면 꼭 먹어야 할 음식이다. 베트남식 샌드위치로 프랑스 식민지 시절부터 유행하기 시작했다. 마담콴 반미퀸이 제일 유명하지만, 반미프엉과 피반미도 이에 못지않다. ◎ 마담콴 반미퀸 🚶 내원교에서 북쪽으로 도보 8분

반쎄오, 돼지고기구이

Baby mustard 베이비 머스타드

트립어드바이저에서 상위권을 유지하고 있는 맛집이다. 정원과 텃밭이 아름답고, 대나무 인테리어가 남국 분위기를 한층 높여준다. 올드 타운과 안방 비치 사이에 있다. ◎ Baby mustard 🚶 올드 타운에서 택시 10분. 안방 비치에서 택시 5분

파스타, 햄버거, 쌀국수

Soul Kitchen 소울키친

호이안의 안방 비치를 바라보며 식사를 즐길 수 있는 해변식당이다. 식사 손님은 선베드와 샤워 시설을 무료로 사용할 수 있다. 매주 수요일~일요일 저녁엔 라이브 공연도 열린다. . ◎ 소울키친 호이안 🚶 호이안 올드 타운에서 차로 15분 소요

베트남 음식
Serene Cuisine Restaurant 서린 쿠진 레스토랑

서린 팰리스 호텔 1층에 있는 레스토랑이다. 트립어드바이저 평가에서 후에 음식점 중 당당히 1위에 오른 곳이다. 투숙객뿐만 아니라 일반 여행객도 찾아올 정도로 인기가 많다. 무료 와이파이도 가능하다.
◎ Hue Serene Palace Hotel ⚇ 왕궁에서 택시 8분. 여행자 거리에서 택시 3분

분팃느엉
Quan an Huyen Anh 꽌안 후엔 안

쌀국수의 한 종류인 분팃느엉Bún thịt nướng을 파는 현지인 맛집이다. 분팃느엉은 구운 고기와 채소, 쌀국수를 함께 비벼 먹는 음식이다. 각종 채소와 구운 돼지고기를 함께 먹는 팃느엉 또한 인기 메뉴이다.
◎ Quan an Huyen Anh ⚇ 후에 성 서쪽 Kim Long 거리. 후에 성에서 택시로 5분

반베오, 반코아이, 넴루이
HANH Restaurant Local Food 한 레스토랑

후에의 전통 음식 반베오, 반코아이, 넴루이를 모두 즐길 수 있는 곳이다. 늘 보통 이상 맛을 내는 안정적인 맛집이다. 메뉴 하나의 양이 많지 않으므로 식사를 하려면 세트 메뉴 혹은 2~3개 이상을 주문하도록 하자. ◎ HANH Restaurant Local Food ⚇ 왕궁에서 택시 7분

베트남 음식, 서양 음식
Nina's Cafe 니나스 카페

가게 이름은 카페지만 실제는 음식점이다. 형형색색 등이 천장을 장식하고 있다. 베트남 전통 음식과 서양 음식을 주로 팔지만 특이하게 우리의 김치볶음밥도 먹을 수 있다. 트립어드바이저 인기 맛집이다. ◎ Nina's Cafe Hue ⚇ 왕궁에서 택시 6분

한식
Seoul Restaurant 서울식당

후에에서 가장 먼저 자리를 잡은 한식당이다. 메뉴도 다양해 입맛대로 골라 먹을 수 있다. 김치찌개, 된장찌개, 순두부찌개, 황탯국, 파전, 냉면, 돼지고기볶음 등 메뉴가 다양하다. 어느 메뉴든 맛이 보통 이상이다. ◎ Seoul Restaurant Hue ⚇ 여행자 거리(Pham Ngu Lao, Hue)에서 택시 3분. 왕궁에서 택시 8분

피자, 와인
Zucca Restaurant 주카 레스토랑

후에 음식점 중에서 트립어드바이저 리뷰 순위 4위에 올랐다. 피자와 하우스 와인에 대한 평이 좋으며, 직원 친절도 평가도 높은 편이다. 흐엉강 남쪽 무엉탄 호텔에서 남쪽으로 1분 거리에 있다.
◎ Zucca Restaurant ⚇ 왕궁에서 택시 6분. 무엉탄 홀리데이 호텔에서 Đội Cung(도이꿍) 거리 따라 남쪽으로 1분

Coffee & Cafe

친애하는 커피 씨, 베트남의 낭만을 품었군요

그것은 천 번의 키스보다 멋지고, 마스카트의 술보다 달콤하다. <커피 칸타타>의 가사를
보면 바흐 시대에도 이미 커피는 음료 그 이상의 음료였다. 베트남은 이 매혹적인 음료의
주요 생산국이다. 남국의 향기를 품은 베트남 커피의 세계로 당신을 초대한다.

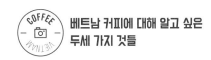

베트남 커피에 대해 알고 싶은 두세 가지 것들

커피 강국, 게다가 무려 세계 2위!

커피 하면 남미와 아프리카를 떠올리지만 놀랍게도 베트남은 브라질에 이어 세계 2위의 커피 생산국이다. 코트라 자료에 따르면 세계 커피 생산량의 20%를 베트남이 담당하고 있다. 150년 전, 프랑스 식민지 시절부터 재배하기 시작하다가, 베트남 전쟁1955~1975 이후 고지대에서 본격적으로 커피 농사를 짓기 시작했다. 한 해 생산량은 약 200만 톤이다. 우리나라 1년 쌀 생산량의 50%에 이르는 엄청난 양이다. 이중 로브스타가 92%를 차지하고 있고, 아라비카 커피는 6.5%이다. 우리는 알게 모르게 베트남 커피를 마시고 있다. 국내에서 소비되는 커피의 40%를 베트남에서 들여오기 때문이다.

베트남 커피를 알려드릴게요

베트남에서는 커피를 '카페'Cà Phê, Cafe라고 부른다. 뜨거운 커피는 '농'nong, 뜨겁다을 붙여 '카페 농'이라 하고, 아이스 커피는 '다'da, 얼음를 붙여 '카페 다'라고 한다. 베트남은 '핀'이라 불리는 1인용 드리퍼를 이용해 커피를 내린다. 베트남 커피 종류는 다음과 같다.

카페 쓰어 다

카페 쓰어 다Cà Phê Sữa Dá는 연유가 들어간 아이스커피이다. 진하면서도 달콤한 게 특징이다. '쓰어'는 우유연유 '다'는 얼음이라는 뜻이다.

카페 쓰어 농

연유가 들어간 뜨거운 커피Cà Phê nong이다. '농'은 뜨겁다는 말이다. 연유가 깔린 잔 위에 핀 드리퍼를 얹어 준다. 커피가 다 내려진 다음 저어 마시면 된다.

카페 쯩

흔히 에그 커피Cà Phê Trứng라 부르는 그 커피다. 쯩Trứng은 달걀이라는 뜻이다. 따뜻한 잔에 커피를 부은 다음 노른자 크림을 넣는다. 코코아 가루를 뿌려 완성한다. 부드러운 크림과 진하고 쓴 커피의 조화가 매력적인 베트남 북부 커피이다.

카페 덴 농

핀 드리퍼로 내린 뜨거운 블랙커피를 말한다. '덴'은 블랙, '농'은 뜨겁다는 뜻이다.

카페 다

카페 덴 농Cà Phê Đen Nông이 뜨거운 블랙커피라면, 카페 다Cà Phê Dá는 차가운 블랙커피를 말한다. '다'는 얼음 또는 차갑다는 뜻이다.

Cong Cafe 콩 카페 한강 강변점

한국인이 가장 많은 찾는 카페이다. 이유는 코코넛 밀크커피 때문이다. 베트남 특유의 이국적인 분위기도 콩 카페를 다시 찾게 만든다. 주문 시간이 꽤 걸리니 인내심을 갖고 기다려야 한다. 비흡연자는 1층을 이용하자.

◎ 콩 카페 한강 강변점
🚶 한 시장에서 한강 변 따라 북쪽으로 도보 2분

Joy Box coffee 조이 박스 커피

컨테이너를 매력적인 카페로 변신시켰다. 1층과 1층 야외 테이블, 2층과 2층의 야외 테이블까지 아기자기하게 꾸며 놓았다. 메뉴를 베트남어와 영어로 표기하여 주문하는 데 어려움이 없다. ◎ 조이 박스 컨테이너 카페
🚶 미케 비치 인근. 무앙탄 럭셔리 호텔 다낭 북쪽으로 도보 8분

43 Factory Coffee Roaster 43 팩토리 커피 로스터

2층 구조의 시원한 통유리가 돋보이는 카페이다. 연못 사이에 야외 테이블이 있어 더 매력적이다. 브랜딩이 잘 된 카페로 소문이 자자하다. 커피 주문 시 원두를 직접 선택할 수 있다. 직원들이 영어에 능숙하다.

◎ 43 Factory Coffee
🚶 홀리데이 비치 다낭 리조트에서 서남쪽으로 도보 5분 소요

Golem coffee 고렘 커피

시그니처 메뉴 이름이 특이하게도 더티 커피Dirty coffee다. 커피가 잔 밖으로 흘러내려 지저분하면서도 특이한 비주얼을 자랑한다. 맛은 퍽 달콤하다. 다낭 대성당에서 도보 1분 거리에 있다.

◎ 고렘 카페 🚶 다낭 대성당에서 남쪽으로 도보 1분

Hoi An Roastery 호이안 로스터리
호이안 올드 타운에서 가장 유명한 카페이다. 구시가 여러 군데에 지점이 있다. 베트남 전통 드립 방식으로 추출한 커피를 마실 수 있어 더욱 좋다. 카페 쓰어다와 에그 커피를 추천한다.
◎ Hoi An Roastery
🚶 내원교에서 동쪽으로 도보 1분(내원교점)

Reaching Out Tea Hous
리칭 아웃 티하우스

호이안의 보석 같은 카페이다. 종업원이 모두 청각 장애인이다. 하지만 주문을 걱정할 필요는 없다. 테이블마다 종이와 펜 메뉴가 적힌 나무 블록이 있어서 이것을 사용하면 된다. ◎ 리칭아웃 티 하우스 🚶 내원교에서 동쪽으로 2분

The Cargo Club 카고 클럽
투본 강변에 있는 카페 겸 레스토랑이다. 1층은 카페, 2층은 테라스가 있는 레스토랑이다. 서양인들에게 특히 인기가 많다. 케이크와 파니니, 브라우니, 초콜릿 크루아상 등 베이커리가 다양하다.
◎ The Cargo Club
🚶 떤끼 고가에서 서쪽으로 도보 1분

Tam Tam Cafe 탐탐 카페
가게 앞에 내 건 등불이 아름답다. 저녁에는 형형색색 불을 밝혀 분위기가 더 낭만적이다. 낭만적인 분위기 덕에 한국 여행자에게 인기가 높다. 반쎄오, 쌀국수 같은 간단한 식사도 할 수 있다.
◎ Tam Tam Cafe 🚶 떤끼 고가에서 도보 1분 이내

Drink

남국의 상큼함을 마시자

다낭은 덥다. 겨울이라 해도 우리에겐 여전히 더운 곳이다. 남국의 과일로 만든 상큼한 음료수가 많은 건 그래서 다행이다. 더위를 잊게 해줄 음료를 소개한다. 카페, 식당, 마트에서 쉽게 찾을 수 있는 음료들이다.

망고 주스 Nuoc Ep Xoai 느억 엡 싸이
망고 주스는 베트남어로 느억 엡 싸이라고 부른다. 주로 황색 망고로 주스를 만든다. 맛이 부드럽고 달콤하다.

수박 주스 Nuoc Dua Hau 느억 즈어 허우
수박 주스는 다낭의 더위를 날리기에 제격이다. 카페와 길거리에서 마실 수 있다.

사탕수수 주스 Nuoc Mia 느억 미아
느억 미아는 사탕수수즙을 짜서 만든다. 느억은 물, 미아는 사탕수수를 말한다.

과일 스무디 Sinh To 신또
베트남어로 신또라 부른다. 과일에 연유를 넣어 만든다. 커피와 과일을 섞어 만들기도 한다. 더위를 물리치기에 그만이다.

아이스티 Tra Da 짜다
짜다는 베트남의 아이스티다. 음식점이나 카페에서 기본으로 나온다. 간혹 메뉴가 따로 있어서 비용을 내기도 한다.

째 Che
베트남 전통 간식 음료. 곡류 및 과일, 코코넛 밀크와 얼음을 넣어 만든다.

코코넛 음료 Nuoc Dua 느억 즈어
느억 즈어는 베트남에서 친숙한 음료이다. 카페, 식당, 마트에서 쉽게 찾아볼 수 있다.

옥수수 우유 Sua Bap 쓰어 밥
쓰어 밥은 옥수수 맛이 진하게 느껴지는 우유이다. 한국인 입에 잘 맞는다. 카페, 식당, 마트에서 쉽게 찾을 수 있다.

ONE MORE

더위를 날려 줄 다낭의 맥주

©MountainAsh

Larue Beer 라루 맥주
100년이 넘은 베트남 중부 지방의 전통 있는 프랑스 스타일 맥주Bia, 비아이다. 맛이 에일 맥주보다 가볍지만 그래도 우리나라 맥주보다는 낫다.

©Riza Nugraha

Saigon Beer 사이공 맥주
호찌민의 로컬 맥주이자 베트남에서 가장 많이 알려진 맥주이다. 미국 스타일의 라거 맥주이다. 보리 맥아뿐 아니라 쌀 몰트도 사용하여 맛이 부드럽다.

Tiger Beer 타이거 맥주
베트남의 마트와 식당에서 많이 볼 수 있지만 사실은 싱가포르 맥주이다. 하이네켄, 칼스버그처럼 맛이 깔끔하고 부드럽다.

Fruit

남국의 햇살 품은 열대 과일 드세요!

망고, 두리안, 용과, 망고스틴, 스타애플…… 남국의 햇살을 품은 열매 과일이 당신을 반긴다. 석가두, 람부탄, 코코넛, 패션 플루트. 시장에서, 거리에서, 관광지에서, 달콤한 열대 과일이 더위에 지친 당신을 유혹한다.

망고
가장 인기 많은 과일이다. 옐로우 망고와 그린 망고가 있다. 그린 망고는 고추 소금에 찍어 먹으면 색다른 맛을 즐길 수 있다.

망고스틴
두리안이 과일의 왕이라면 망고스틴Măng Cụt, 망꿋은 과일의 여왕이다. 세계에서 가장 맛있는 과일로 손꼽힌다.

©wikimedia_Elosito

스타 애플
반으로 자르면 별 모양 무늬가 보인다고 해서 스타 애플Vú Sữa, 부스어이라 부른다. 필수 아미노산인 트립토판과 비타민C가 많다.

두리안
두리안Sầu Riêng, 서우 리엥은 과일의 왕으로 대접받지만 역겨운 냄새 때문에 호불호가 갈린다. 일부 호텔은 반입을 금지하고 있다.

람부탄
람부트Rambut라는 말레이어에서 따왔다. 털이 많다는 뜻인데, 실제로 람부탄Chôm Chôm, 촘촘 겉이 털로 가득하다.

로즈 애플
베트남어로 먼Mận이라 부른다. 이름과 달리 사과 맛이 아니라 순한 배 맛에 가깝다. 소화를 돕고, 콜레스테롤 수치를 낮춰준다.

석가두
당이 무척 높은 과일이다. 석가모니의 머리와 닮았다고 해서 석가두망꺼우 Măng Cầu라고 불린다. 영어로는 커스터드 애플이다.

용안
과육 모양이 용의 눈과 닮았다 하여 용안 Nhãn, 난이라는 이름을 얻었다. 단맛이 강하다. 생과일은 빨리 먹는 게 좋다.

코코넛
우리가 흔히 야자나무라고 부르는 과실수에서 열리는 열대 과일이다. 열대 지방에서는 물 대신 많이 마신다. 보통 코코넛 열매에 빨대를 꽂아 마신다. 시원하고 달달하다. 칼슘, 칼륨, 마그네슘, 인 등 영양소가 많다.

용과
용과Thanh Long, 타인 롱는 겉은 적색이지만, 과육은 흰색과 분홍색, 적색이다. 과육이 적색과 분홍색인 용과의 맛이 더 좋다.

패션 푸르츠
우리말로는 백향과, 베트남어로는 짜잉 저이Chanh Dây라 부른다. 겉은 갈색과 보라색이고, 과육은 오렌지색이다. 향이 강하다.

쉬고, 멋 내는 것도 여행이다

여독을 풀기엔 잠이 최고겠지만, 마사지도 이에 버금은 간다. 다낭과 호이안의
스파숍은 가격이 저렴해 매력적이다. 마사지와 네일 아트를 한꺼번에 받을 수
있는 곳도 있다. 피로도 풀고 멋도 낼 수 있는 스파숍을 모았다.

①

Forest Massage & Nail
포레스트 마사지 & 네일

미케 비치 프리미어 빌리지 인근에 있다. 한국인 매
니저가 상주해 이용하기에 편리하다. 마사지뿐만 아
니라 네일 아트의 만족도도 높다. 남성들은 발각질
제거+스크러브+케어 메뉴를 많이 이용한다. 비용은
20~30불이다.

⊙ Forest Massage & Nail

🚶 프리미어 빌리지와 바빌론 스테이크에서 도보 1~2분

☰ 예약 카카오톡 forest03

② ②

Golden Lotus Oriental Organic Spa
골든 로터스 오리엔탈 올가닉 스파

다낭 대성당에서 가까운 프리미엄 스파다. 골든 로터스 전신 마사지의 인기가 제일 좋다. 짐 보관 서비스를 해주어 시내 관광 일정에 넣기 좋다. 비용은 20만동~90만동이다.

◎ 골든 로터스 오리엔탈 올가닉 스파
🚶 다낭 대성당과 참 박물관에서 도보 5~7분
☰ http://www.gloospa.com

③

Lani Spa Danang
라니 스파 다낭

마사지와 네일 아트를 한곳에서 받을 수 있다. 미케 비치에서 가까우며, 라이즈 마운트 리조트와 무엉탄 럭셔리 호텔에서 접근성이 좋다. 마사지 평균 가격 11~20불이다. 팁을 최소 3불로 정해 놓아 고민할 필요 없다. ◎ Lani Spa 🚶 무엉탄 럭셔리 호텔에서 북서쪽으로 도보 8분

④

Pandanus Spa Hoi An
판다누스 스파 호이안

트립어드바이저에서 상위 랭크를 유지하는 마사지 숍이다. 마사지 종류가 다양하다. 네일 아트와 남성 페이셜 케어 프로그램도 있다. 2인 이상이 90분 마사지를 예약하면 픽업과 드롭 서비스를 해준다. 비용은 20~25불이다.

◎ Pandanus Spa Hoi An 🚶 호이안 올드 타운에서 차로 5분 ☰ 카카오톡 ID Pandanusspa

⑤

Villa De Spa Hoi An
빌라 드 스파 호이안

한국인이 운영한다. 유튜브 시청이 가능한 키즈클럽이 있어서 아이 동반 여행자에게 좋다. 카카오 플러스 친구를 통해 예약할 수 있다. 2인 이상 예약 시 올드 타운 무료 픽업 서비스를 해준다. 비용은 25불 내외이다.

◎ VilladeSpa 🚶 호이안 내원교에서 도보 7분
☰ 예약 카카오톡 플러스 친구(빌라 드 스파 호이안)

ONE MORE

리조트 스파도 있어요

다낭과 호이안의 호텔과 리조트 대부분이 스파 프로그램을 운영하고 있다. 숙소마다 다르지만 스파 종류가 20개에 가까운 곳도 있다. 시간은 30분부터 2시간까지 다양하다. 비용을 비롯한 더 자세한 내용은 홈페이지 또는 안내 데스크에서 확인하면 된다.

Ao Dai

하루쯤 아오자이 체험

아오자이는 베트남 전통의상이다. 아오는 옷, 자이는
'길다'라는 뜻이다. 청나라의 치파오旗袍를 베트남 기
후에 맞게 개량한 것으로 현재의 갸름한 디자인은 프
랑스 식민지 시대부터 유행했다. 하루쯤 아오자이를
입고 색다르게 다낭과 호이안을 즐기자.

살까? 대여할까?

아오자이 체험 방법은 맞춤과 기성복 구매, 대여 세 가지다. 체형에 딱 맞게 입으려면 맞추는 게 좋다. 기성복, 또는 대여하는 것보다 비용이 더 들지만, 세상에 하나뿐인 옷을 얻을 수 있고, 집에 보관하며 여행을 오래 기념할 수 있어 좋다.

다낭의 한 시장 2층과 호이안 옷시장에 맞춤옷 가게가 많다. 맞춤옷 가격은 원단에 따라 다르지만 50만동부터 시작된다. 호이안의 양복점Tailor Shop에서도 맞출 수 있는데 가격이 비싸다. 원단, 장식, 디자인이 좋지만 100만~200만동은 예상해야 한다. 아오자이를 만드는 시간은 최소 3~4시간이다. 오전에 옷을 맞추고 주변 관광지를 여행하다 오후에 찾는 게 일반적이다.

기성복은 금방 입을 수 있어서 좋다. 가격은 40만동부터 시작된다. 아오자이 대여 비용은 가게마다 다르지만, 하루 12시간 기준 20~40만동이 일반적이다. 아오자이를 빌릴 때는 보증금을 따로 내야 한다. 보증금은 대여비와 비슷하다. 옷을 반납할 때 보증금을 돌려준다.

다낭 한 시장 ◎ 한 시장 ☀ 다낭 대성당과 브릴리언트 호텔에서 북쪽으로 3~4분
호이안 옷시장 ◎ Hoi An Cloth Market
☀ 호이안 시장에서 동쪽으로 3분. 해남회관 남쪽 건너편

호이안의 아오자이 맞춤 양복점들
Be Be Tailor, A Dong Silk, Kimmy Tailor, Remy Tailor Hoi An

©Wikimedia_Inputpoems

ONE MORE
아오자이 대여 숍을 알려드릴게요

① Ms Sam Ao Dai

미케 비치 근처에 있는 세련된 아오자이 숍이다. 퓨전 스위트 다낭 비치 호텔에서 남서쪽으로 7분 거리에 있다. 대여와 맞춤제작을 함께 하여 선택의 폭이 넓다. 아오자이 외에 가방, 스카프 등도 판매한다. 포토존도 운영한다.

◎ Ms Sam Ao Dai
☀ 퓨전 스위트 다낭 비치호텔에서 도보 2분
🏠 59 Trần Đình Đàn, Phước Mỹ, Sơn Trà
📞 +84 93 516 89 09
👗 대여 20만동(보증금 별도), 구매 40~50만동부터(원단 및 디자인에 따라 가격 다름)

② 다낭 T Lounge

한강 서쪽 다낭 도심에 있는 자유 여행자를 위한 라운지이다. 여행지 셔틀버스 운행, 짐 보관 서비스, 샤워실 운영, 아오자이 대여 서비스 등을 한다. 10시부터 22시까지 대여 비용은 20불이다. 아오자이를 대여하는 여행자는 호이안 셔틀버스를 무료로 이용할 수 있다.

◎ 다낭 티라운지
☀ 다낭 대성당에서 남쪽으로 도보 5분
🏠 37 Thái Phiên, Phước Ninh, Hải Châu
📞 +84 93 780 12 12 👗 20불(보증금 15불 별도)
≡ https://www.t-lounge.com/ko

③ Quay Luu Niem Con Tam

콰이 루 님 꼰땀은 호이안 올드 타운에 있는 기념품 가게이자 아오자이 대여 숍이다. 카고 클럽과 떤끼 고가, 탐탐 카페 근처에 있다. 대여비는 1~2만원, 보증금도 이와 비슷하다. 보증금은 아오자이 반납할 때 돌려받으면 된다.

◎ Quay Luu Niem Con Tam
☀ 내원교에서 동쪽으로 도보 2분
🏠 99A, Đường Nguyễn Thái Học
📞 +84 839 578 889
👗 1~2만원(보증금 별도)

Activity

액티비티 베스트 5_다낭을 체험하라!
어디까지가 여행일까? Z까지다. A가 보는 것이라
면 Z는 체험하는 일, 근육을 사용하는 여행이다.
체험은 몸의 감각을 일깨우고, 여행의 기억이 뇌
리 깊이까지 파고들게 한다. 움직여라. 다낭을 체
험하라. 당신의 여행이 깊이 새겨질 것이다.

① 빈티지 사이드 카 투어

빅토리아 호이안 비치 리조트에서 운영한
다. 멋진 빈티지 사이드 카를 타고 호이안 근
교를 달리는 체험을 할 수 있다. 투숙객이 아
니어도 가능하다. 1시간부터 종일 투어까지
프로그램이 다양하다. 1시간 비용은 운전기
사 포함하여 85만동이다. 사이드 카에는 2
인까지 탈 수 있다.

◎ Victoria Hoi An Beach Resort ✈ 공항에서 차
량으로 약 35분 소요. 올드 타운에서 자동차로 15분
☰ https://www.victoriahotels.asia/en/overview

② 올드 타운 시클로 투어

시클로는 인력거와 자전거가 하나로 통합
된 관광용 교통수단이다. 시클로 투어는 날
이 덜 더운 해 질 녘이나 저녁에 하는 게 좋
다. 숙소가 올드 타운 근처라면 늦은 저녁
시클로 드랍을 해도 된다. 비용은 10~15분
약 10만동, 30분 기준 20만동, 팁은 1달러
가 합리적이다.

③ 호이안 자전거 산책

숙소를 호이안에 잡았다면 올드 타운까지
자전거를 이용하자. 구시가지의 골목골목
을 자전거로 둘러보는 재미가 있다. 호이안
숙소에서 대부분 무료로 자전거를 빌려준
다. 안방 비치와 끄어다이 비치도 30~40분
이면 갈 수 있다. 또 호이안 근교까지 자전
거를 타고 여행하는 현지 여행사 프로그램
도 있다.

④ 해양 액티비티 즐기기

새처럼 바다 위를 날고 싶다면 패러세일링
을 타자. 100m가 넘는 상공에서 우아하게
바다와 지상을 내려다볼 수 있다. 제트 스키
와 바나나 보트는 스릴감이 아찔아찔하다.
속도감을 즐기고 싶은 독자에게 추천한다.
해변마다 액티비티 운영 업체가 있다. 또 다
낭과 호이안의 거의 모든 리조트에서 액티
비티 프로그램을 운영한다.

₫ 패러세일링 1인 60만동, 2인 80만동
　제트 스키 15분 50만동, 20분 70만동
　바나나보트 5명 기준 10분 100만동

⑤ 바구니 배 투어

사공을 포함해 3명이 동그란 전통 배를 타고 코코넛 정글로 떠다니는 이색 투어다. 투어 도
중에 사공이 풀로 곤충, 모자, 반지 등을 만들어주고, 간단한 낚시로 게나 물고기도 잡아준
다. 바구니 배가 여럿 모이면 공연 전문 사공이 배 위에서 한바탕 쇼를 펼친다. 이때 보통 팁
1만동을 준다. 바구니 배 투어는 업체가 많고 가격도 천차만별이다. 요금은 코코넛 마을 입
장료를 포함하여 1인당 5~7달러가 합리적이다. 바구니 배 투어는 미케 비치에서도 할 수 있
다. 강이 아니라 바다라는 점이 다르다.

ⓘ 투어 방법 인터넷 및 카카오톡 예약 후 집결지에서 배 또는 차로 이동
추천 업체 Hang Coconut 예약 카카오톡 @hang coconut 잭 트랜스 투어 jacktrantours.com
호이안 에코 코코넛 투어 www.hoianecococonuttour.vn
ⓒ 투어 시간 약 40분 ~ 1시간
₫ 코코넛 마을 입장료 포함 5~7불

Nightlife

남국의 밤을 낭만적으로 보내는 방법

남국의 밤은 낮보다 아름답다. 더군다 한강은 빌딩 불빛
과 용다리의 화려한 조명을 받아 은하수처럼 반짝이며
흐른다. 호이안은 또 어떤가? 형형색색 등불이 세계문화
유산의 도시에 낭만을 풀어 놓는다. 남국의 밤을 낭만적
으로 보내는 다섯 가지 방법을 소개한다.

② 투본강 나룻배 투어

호이안 올드 타운을 조금 더 색다르게 여행하고 싶다면 나룻배 투어에 참여하자. 이때 그 유명한 소원 등 띄우기도 같이 할 수 있다. 나룻배 투어는 저물녘에 하는 게 좋다. 약 20분 동안 운행하는데 이때 탑승하면 일몰과 호이안 야경을 둘 다 감상할 수 있다. 날이 어두워지므로 소원 등 띄우기도 이때가 좋다. 구시가 야경도 감상하고, 강물에 종이 등을 띄우며 소원도 빌자.

🚶 떤끼 고가 후문 투본 강변
💰 나룻배 1~2인 10만동, 2~3인 20만동
　　소원등 1개 1만동, 5개 3만동

① 올드 타운 야경 산책

호이안은 매혹적인 올드 타운을 품은 세계문화유산의 도시이다. 올드 타운엔 시간이 천천히 흐른다. 오래된 오렌지빛 집들이 거리마다 낭만을 풀어 놓는다. 호이안은 낮보다 밤이 더 아름답다. 알록달록, 형형색색 빛나는 등불이 환상 풍경을 연출한다. 골목이 하나같이 아름다워 저절로 카메라를 들게 만든다. 야경 산책을 하는 내내 사랑에 빠진 것처럼 가슴이 설렐 것이다.

③ 한강 유람선 투어

유람선을 타면 괜스레 여행을 제대로 하고 있다는 느낌이 든다. 서울의 한강에 유람선이 있듯이 다낭의 한강에도 유람선 투어가 있다. 매일 저녁 2회, 약 30~60분 운행한다. 다낭 시내 노보텔 다낭 호텔 인근에 선착장이 있다. 주말이라면 저녁 8시에 출발하는 유람선을 타자. 다낭 야경과 용다리 불 쇼를 함께 감상할 수 있다. 황홀한 여행이 될 것이다.

📍 Du thuyen Song Han 🚶 노보텔 다낭 프리미어 한강 호텔 앞 선착장 🕐 매일 18:00, 20:00
💰 15만동 🌐 http://dulichsonghan.net

④ 선 휠 관람차에서 야경 감상하기

한강 변 놀이공원 아시아 파크는 대관람차 선 휠Sun Wheel로 유명하다. 밤이 되면 관람차가 더욱 빛난다. 원형 관람차가 뿜어내는 불빛은 아름다움을 넘어 황홀하기까지 하다. 지상에서 보는 불빛도 아름답지만, 관람 차에서 감상하는 다낭 야경도 황홀하기는 마찬가지다. 아시아 파크에선 아오자이를 대여해준다. 이왕이면 아오자이를 입고 현지인이 된 기분으로 야경을 즐겨보자.

📍 아시아파크 🚶 롯데 마트에서 도보 5분
🕐 월~금 15:30~22:30, 토~일 09:30~22:30
💰 성인 월~목 20만동, 금~일 30만동

⑤ 루프톱 바에서 즐기는 환상 야경

루프톱 바에서 즐기는 야경도 낭만적이다. 노보텔 호텔 36층에 있는 루프톱 바 'Sky Bar 36'은 알라카르트 다낭 비치 호텔의 루프톱 바 'The Top', 아시아 파크의 대관람차와 더불어 다낭의 3대 야경 명소이다. 하지만 이 중에서도 하나를 꼽으라면 단연 스카이 바 36이다. 하늘처럼 높은 곳. 그곳에 서면 야경도, 낭만도 다 내 것이 된다. 투숙객이 아니어도 입장할 수 있다.

📍 노보텔 다낭 프리미어
🕐 17:00~02:00(일요일은 24:00까지)
💰 30~40만동

Best Spot

다낭에서 꼭 가야 할 명소 베스트 7

다낭 여행 일정은 짧으면 3일, 길어도 5일이 일반적이다.
다낭과 호이안, 바나 힐, 후에, 미썬⋯⋯. 갈 곳은 많고, 시간은 정해져 있다.
그래서 정리했다. 다낭과 호이안, 후에에서 꼭 가야 할 명소 베스트 7!

©Flickr_xiquinhosilva

①

오행산

다낭 도심에서 남쪽으로 10km 떨어져 있다. 주택가 한복판에 다섯 개 봉우리가 솟아 있는데, 마치 하롱 베이를 축소해 육지로 옮겨 놓은 것 같다. 영어로는 마블 마운틴Marble Mountain이라 부른다. 다섯 개 산 중에서 물의 산Thủy Sơn, 투어 썬을 가장 많이 찾는다. 신비로운 동굴과 사원을 둘러볼 수 있고, 더 오르면 다낭 시내를 한눈에 넣을 수 있다.

◎ 오행산
🚶 다낭 시내에서 택시로 약 15~20분
💰 4만동, 엘리베이터 1만5천동(편도)

②

한 시장

다낭 최대 재래시장이다. 서울에 비유하면 남대문시장 같은 곳이다. 기념품과 아오자이를 사려고 여행객이 한 번쯤은 들르는 곳이다. 1층에는 생선과 과일가게, 기념품 가게, 생활용품 가게가 많다. 2층에는 의류 상점과 원단가게가 들어서 있다. 커피, 차, 젓가락, 호랑이 연고 등 기념품을 사려면 1층으로, 아오자이를 사거나 맞추고 싶다면 2층으로 가면 된다.

◎ 한 시장 🚶 다낭 대성당과 브릴리언트 호텔에서 북쪽으로 3~4분
🕐 06:00~19:00

©Flickr_xiquinhosilva

③

다낭 대성당

아담하고 예쁜 핑크빛 성당이다. 맑은 날 해가 중천에 떠오르면 분홍빛은 더욱 도드라진다. 한강 서쪽 시내 중심부에 있다. 1923년, 프랑스 식민 통치 시기에 지어졌다. 성당 내부를 관람하고 싶다면 미사 시간을 이용하자. 평일 미사는 17시에 시작한다. 일요일엔 낮부터 늦은 오후까지 입장이 가능하다. 일요일 오전 10시에는 영어 미사가 열린다.

◎ 다낭 대성당
🚶 한 시장 인근. 브릴리언트 호텔 서쪽 다음 블록
🕐 07:00~17:30

④

바나 힐

1500m 산 정상에 있는 테마파크이다. 다낭에서 택시를 타고 서쪽으로 약 40분 이동한 뒤, 다시 케이블카를 타고 산을 몇 번 넘으면 드디어 바나 힐이 나타난다. 2018년 여름에 오픈한 골든 브릿지 덕에 더 유명해졌다. 골든 브릿지는 떠오르는 인생 사진 명소이다. 거대한 손이 150m 금색 다리를 떠받치고 있는 모습이 장관이다. 하늘에서 산책을 즐기는 듯한 기분을 느낄 수 있다.

◎바나힐 🚶시내에서 택시를 타고 서쪽으로 약 40분 이동하면 케이블카 매표소가 나온다. 🏷성인 70만동, 아동 55만동

⑥

린응사

린응사靈應寺, 영응사는 미케 비치 북쪽 끝 선짜반도에 있다. 절에 오르면 미케 해변과 다낭 시내가 손에 잡힐 듯 가까이 보인다. 린응사엔 베트남에서 가장 큰 해수관음상이 있다. 높이가 무려 67m이다. 밤에는 조명을 밝혀 신비롭기까지 하다. 신발을 벗고 관음상 안으로 들어갈 수 있다.

◎ 다낭 영흥사
🚶 다낭 시내에서 택시로 약 20분

⑤

호이안 올드 타운

단언컨대, 호이안은 베트남에서 가장 매력적인 도시이다. 다낭 남쪽에 있는 작은 항구도시지만, 15~18세기엔 세계인이 모이는 국제도시였다. 그 흔적이 올드 타운에 고스란히 남아 있다. 미국 여행 잡지 <Travel and Leisure>는 호이안을 세계에서 꼭 가야 할 도시 15위로 선정했다. 거리마다 낭만이 흐르는 올드 타운을 높이 평가했다. ◎ 호이안 올드 타운 🚶 다낭에서 택시로 30분

⑦

후에 왕궁과 왕릉

후에는 1945년까지 베트남 마지막 왕조의 수도였다. 후에 왕궁은 해자와 성채에 둘러싸여 있다. 해자와 성벽의 길이가 2.5km이다. 왕릉은 왕궁에서 남쪽으로 10~13km 떨어져 있다. 또 하나의 왕궁처럼 하나 같이 넓고 화려하다. 왕궁 서쪽엔 후에를 상징하는 티엔무 사원이 있다. 한적한 강변에 있는 아름다운 사원이다. 베트남에서 가장 큰 7층 석탑이 유명하다.

🚶 다낭에서 택시 또는 투어 버스 이용. 약 2시간 소요

©Flickr_Dennis Jarvis

SPECIAL THEME 11

Beach

선베드에서 영화배우처럼 해변을 즐기자

다낭의 미케 비치와 논느억 해변, 호이안의 안방 비치와 끄어다이 해변. 두 도
시는 바다를 품어 매혹적인 도시가 되었다. 야자수, 방갈로, 비치 파라솔, 선베
드, 멋진 리조트. 로맨틱한 해변이 휴양 도시의 풍경을 완성해준다.

My Khe Beach 미케 비치

미국 경제 전문지 <포브스>지가 세계 6대 해변으로 뽑았다. 미케
비치는 다낭 북쪽의 선짜 반도에서 부드럽게 곡선을 그리며 남쪽으
로 내려간다. 백사장 길이가 해운대해수욕장보다 무려 8배나 길다.
베트남 전쟁 때 미군 휴양소가 있어서 그때부터 유명했다. 4~5성급
호텔과 리조트가 이곳에 있다. 해변 리조트에 머물지 않아도 우리
돈으로 1~2만원이면 선베드에서 주스, 맥주, 칵테일을 마시며 마치
영화를 찍는 배우처럼 멋진 휴양을 즐길 수 있다. 해변에 있는 선베
드를 대여하고 주스나 맥주를 시키면 된다.
◎ 미케해변 ⊀ 다낭공항에서 동쪽으로 택시 15분. 시내에서 택시 10분

Non Nuoc Beach 논느억 비치

미케 비치 남쪽에 있다. 논느억 해변엔 리조트가 많다. 하얏트, 빈
펄, 쉐라톤, 오션 등 유명 리조트가 이곳에 있다. 논느억에서 오행산
이 가깝다. 쉐라톤, 오션 빌라 서쪽엔 다낭 골프 리조트와 몽고메리
골프장이 있다. 리조트 앞 해변은 투숙객을 위한 전용 비치로 이용
되고 있다. 하지만, 숙소가 리조트가 아니라고 해서 걱정할 필요는
없다. 전용 비치가 아닌 곳이 많으므로, 이곳에서 산책과 휴양, 해양
액티비티를 자유롭게 즐길 수 있다. 화장실, 샤워실, 작은 짐 보관용
로커 등 편의 시설을 갖추고 있다. ◎ Non Nuoc Beach ⊀ 다낭 공항에
서 동남쪽으로 택시 25분. 시내에서 택시 15~20분

An Bang Beach 안방 비치

논느억 비치 남쪽이 안방 비치Bãi biển An Bàng이다. 이곳부터는 다
낭이 아니라 호이안이다. 안방 비치는 호이안 동쪽에 사진엽서처럼
아름답게 펼쳐져 있다. 야자수와 방갈로, 야자숲잎 비치 파라솔, 선
베드가 남국의 분위기를 한층 북돋아 준다. 한국인뿐 아니라 서양,
일본 등 다국적 여행자로 붐빈다. 레스토랑과 바도 많은 편이다. 음
료만 시켜도 선베드를 무료로 사용할 수 있다. 젊은 사람이 많이 찾
는 편이다. 액티비티를 즐기는 사람도 많다.

◎ 안방해변 ⋇ 올드 타운에서 그랩이나 택시 15분. 자전거 30~40분

④
Cua Dai Beach 끄어다이 해변

안방 비치 남쪽은 끄어다이 비치Bãi biển Cua Đại이다. 해변 서쪽으로
는 투본강 하류가 천천히 흐른다. 강과 바다 사이에 호텔과 리조트
가 들어서 있다. 해변엔 공용 비치와 리조트 전용 비치가 길게 이어
져 있다. 예전엔 안방 비치보다 유명했으나 지금은 더 한가로운 편이
다. 바와 레스토랑도 적은 편이다. 안방 비치의 번잡함이 싫다면 끄어
다이 비치로 가자. 호이안 올드타운에서 동쪽으로 8km 거리에 있다.

◎ 끄어다이 해변 ⋇ 올드 타운에서 택시나 그랩으로 15~20분. 자전거
40~50분

Hocance
호캉스 즐기기 좋은 가성비 호텔과 리조트

당신은 올로족인가? 진정한 여행은 관광이 아니라 휴식이라고 생각하는가? 그래서 준비했다. 호캉스족을 위해 멋진 수영장과 전용 비치, 스파와 키즈 클럽, 액비티비 프로그램을 맞춘 호텔과 리조트를 골라 뽑았다.

① 노보텔 다낭 프리미어

36층 스카이라운지는 다낭 최고 야경 명소이다. 야외 수영장, 레스토랑, 스파, 키즈클럽을 잘 갖추고 있다. 한강 크루즈 선착장이 가까워 유람선 투어에 편리하다. 미케 비치 프리미어 빌리지의 전용 비치도 이용할 수 있다. 미케 비치, 호이안 셔틀버스 운행
◎ 노보텔 다낭 ⚐ 한강 서쪽 다낭 시청 옆. 다낭 공항에서 택시 7분
⚐ 슈페리어 기준 115불(최저가)

② 알라카르트 다낭 비치 호텔

인피니티 수영장과 루프톱 바로 유명한 미케 해변의 멋진 호텔이다. 스파와 키즈클럽도 운영 중이다. 저녁엔 루프톱 바 더 탑The Top을 방문해보자. 미케 비치, 선짜 반도, 다낭 시내 야경을 감상할 수 있다. 호이안, 오행산 등으로 유료 셔틀버스를 운행한다.
◎ 알라까르트 호텔 다낭 비치 ⚐ 미케 비치 옆. 다낭 공항에서 택시 15분 ⚐ 80불(최저가)

③ 하얏트 리젠시 다낭 리조트

세련미가 돋보여 커플들이 선호한다. 전용 비치, 프라이빗 풀 빌라, 키즈 풀장, 워터 슬라이드, 테니스 코트, 스파, 레스토랑, 베이커리를 골고루 갖추고 있다. 하루 전에 예약하면 요가, 태극권, 연날리기 같은 액티비티를 즐길 수 있다. 호이안 유료 셔틀버스 운행

◎ 하얏트리젠시다낭
🚶 다낭 시내에서 택시 10분. 공항에서 택시로 17분
💲 게스트 룸 230불(최저가)

④ 빈펄 리조트 다낭

논느억 해안에 있다. 오행산에서 가깝다. 확 트인 풀장과 풀장 너머로 보이는 전용 비치가 매력적이다. 모든 객실에 발코니가 있어서 차나 커피를 마시며 전망을 즐기기에 좋다. 레스토랑, 바, 키즈클럽, 스파, 액티비티 프로그램을 갖추고 있다. 호이안 유료 셔틀버스 운행

◎ 빈펄 리조트 다낭
🚶 다낭 시내에서 택시 10~15분
💲 170불(최저가)

⑤ 쉐라톤 그랜드 다낭 리조트

250m 수영장이 압권이다. 차로 5분 거리에 골프장과 오행산이 있다. 6개 다이닝 시설을 갖춰 뷔페와 동서양의 음식, 에프터눈 티 등을 취향에 맞게 즐길 수 있다. 명상, 요가, 더블 카약, 패들보드 등 다양한 액티비티를 체험할 수 있다. 호이안 유료 셔틀버스 운행

◎ 쉐라톤 그랜드 다낭 리조트
🚶 오행산에서 차로 5분. 다낭 공항에 차로 25분
💲 게스트 룸 210불

⑥ 팜 가든 리조트

호이안 끄어다이 비치에 있는 수목원 같은 5성급 리조트다. 꽃과 나무를 잘 가꾸어 놓아 아름다운 정원에 온 듯한 느낌이 든다. 공간이 넓어 아이들이 뛰어놀기 좋다. 수영장, 전용 비치, 키즈 클럽, 스파, 액티비티 프로그램을 잘 갖추고 있다. 근교 투어 프로그램도 다양하다.

◎ Palm Garden Resort Hoi An 🚶 다낭 공항에서 택시 35분. 호이안 올드 타운에서 택시 15분
💲 125불(최저가)

⑦ 부티크 호이안 리조트

팜 가든 리조트 위쪽에 있는 리조트이다. 외국인이 비교적 많은 편이다. 전용 비치, 수영장, 스파, 레스토랑, 바, 액티비티 프로그램을 갖추고 있다. 호이안 올드 타운, 미썬, 선셋 크루즈 등 많은 투어 프로그램을 운영하고 있다. 올드 타운 유료 셔틀버스를 운행한다.

◎ Boutique Hoi An Resort 🚶 공항에서 차량으로 약 35분. 호이안 구시가지에서 16분
💲 115불(최저가)

⑧ 필그리미지 빌리지

정원과 연못, 야외 수영장이 멋진 조화를 이룬 숲속 리조트다. 후에 도심과 카이딘 왕릉 사이에 있다. 레스토랑, 스파, 바, 키즈클럽, 수영장, 자쿠지 등을 갖추고 있다. 다양한 여행 프로그램도 진행한다. 한국어를 하는 직원이 있다. 자전거 무료 대여. 후에 무료 셔틀버스 운행

◎ Hotel Pilgrimage Village
🚶 후에 시내에서 자동차로 15분
💲 75불(최저가)

SHOPPING

Shopping List

다낭을 오래 기억하게 해줄 쇼핑 리스트

사는 즐거움이 없다면 여행의 기쁨은 틀림없이 반감될 될 것이다. 선물용이든 소장용이든 베트남 상품은 가격까지 착해 부담도 적다. 다낭 여행을 오래 기억하게 해줄 쇼핑 리스트를 소개한다. 시장과 마트, 기념품 가게, 호텔, 다낭 공항 등에서 구매할 수 있다.

라탄백

여성의 휴양지 패션을 완성해주는 필수 아이템 중 하나이다. 가격이 저렴하고 디자인이 다채로워 고르는 재미가 있다.

농

야자나무 잎으로 만든 모자이다. 농라non la 라고도 하는데 '농'은 모자라는 뜻이고, '라'는 나뭇잎을 뜻한다.

아오자이

아오는 '옷', 자이는 '길다'라는 뜻이다. 통이 넓은 바지와 치마처럼 긴 상의로 이루어져 있다. 가냘픈 실루엣이 매력적이다.

©pexels_Dana Tentis

코코넛 오일

식용으로 먹어도 좋고, 피부에 양보해도 좋다. 겨울에 사 한국으로 돌아오면 날이 추워 딱딱하게 굳어버린다. 당황하지 말고 따뜻한 계절에 사용하자.

소스류

칠리소스와 느억맘 소스를 추천한다. 칠리소스는 고기 요리와 쌀국수 등에 사용하면 좋고, 액젓 소스인 느억맘은 베트남 음식을 만들어 먹을 때 유용하다.

커피

베트남은 세계 2위의 커피 강국이다. 위즐 커피족제비 똥 커피와 콘삭 커피다람쥐 똥 커피는 대부분 가짜다. 로스팅 원두나 유명 브랜드인 TRUNG NGUYEN과 G7 커피가 안전하다.

카페 핀

베트남의 커피 드리퍼다. 커피 애호가라면 하나쯤 구매하길 권한다. 주변에 커피 마니아가 있다면 선물용으로 이만한 게 없다.

차

베트남은 커피뿐만 아니라 차도 많이 생산한다. 종류도 다양하다. 커피를 선호하지 않는 이에게 줄 선물용으로 적합하다.

수공예품

컵, 수제비누, 지갑, 파우치, 동전 지갑까지 수공예 기념품이 아주 다양하다. 가격은 대체로 저렴하고 품질은 좋은 편이다.

쌀국수라면
여행의 추억을 미각으로 되새기고 싶다면
쌀국수라면이 제격이다.

말린 과일
과자보다 몸에 좋고, 아이들도 좋아해서 다
낭 여행자의 쇼핑 리스트로 늘 손꼽힌다.

쥐포
한국보다 훨씬 저렴하다. 로컬 시장보다 대
형마트 상품의 품질이 더 좋다.

노니
노니 열매는 항암 효과가 뛰어난 슈퍼 푸드
이다. 먹기 편한 분말 파우더를 많이 산다.
과다 복용을 주의해야 한다.

캐슈너트
베트남 견과류는 고소함이 가득하다. 특히
캐슈너트은 한국보다 가격이 저렴하고 질
이 좋아 여행자에게 인기가 많다.

나무젓가락
무게도 가볍고 디자인이 깔끔해서 직접 사
용하거나 선물하기에 좋다. 유통중 오염될
수 있으니 반드시 포장된 상품을 사자.

SPECIAL THEME 14

Shopping Shop

선물과 기념품 어디서 살까?
시장, 대형마트, 기념품 가게, 공항과 호텔. 베트남도 쇼핑할 장소는 여느 나라와
비슷하다. 차이가 있다면 선진국에서 일반화된 아울렛이 없다는 점이다. 다낭과
호이안의 대표적인 쇼핑 공간을 소개한다.

① 롯데 마트
우리나라 상품뿐만 아니라 베트남에서 살
수 있는 웬만한 물건은 다 갖추고 있다. 쌀
국수, 라면, 건망고, G7 시리즈를 비롯한 베
트남 커피를 추천한다. 롯데리아와 롯데시
네마를 비롯해 한국 프랜차이즈 업체도 입
점해 있다. 환전소도 있다. ⊙ Lotte Mart Da
Nang 🚶 아시아 파크에서 남쪽으로 도보 5분. 미
케 비치와 다낭 공항에서 13분 🕐 10:00~22:00

② 한 시장
서울에 비유하면 남대문시장 같은 곳이다. 요즘은 현지인보다 여행객이 더 많게 느껴질
정도로 외국인의 발길이 끊이지 않는다. 기념품 가게는 1층, 아오자이 가게는 2층에 있다.
커피, 차, 젓가락 등 기념품을 사려면 1층으로, 아오자이를 사거나 맞추고 싶다면 2층으
로 가면 된다. ⊙ 한 시장 🚶 다낭 대성당과 브릴리언트 호텔에서 북쪽으로 3~4분 🕐 06:00~19:00

©Wikimedia_Dederot

③

다낭 수베니어 & 카페

멋진 기념품을 한곳에 모아놓은 가게이자
카페이다. 노보텔 다낭 길 건너에 있다. 상
품 품질이 시장이나 대형마트보다 좋다. 수
공예품, 핸드메이드 인형, 옛날 베트남 화폐,
커피, 차, 코코넛 제품, 티셔츠, 엽서, 액세서
리, 수제비누 등 종류도 다양하다.

◎ 다낭 기념품 카페 ⚐ 노보텔 다낭 프리미어 한
강 호텔 북쪽 길 건너편 ⏱ 07:30~22:30

④

YMa Studio

여성의 취향을 저격하는 기념품 가게이다. 작고 예쁜 그릇과 화병, 도마, 나무 조리기구 등
은 모두 핸드메이드 제품이다. 가격대가 저렴하진 않지만 그만큼 값어치를 한다. INU라는
강아지는 이 가게의 마스코트이다. 상품만큼이나 인기가 많다.

◎ YMa Studio

⚐ 풀만 비치 리조트에서 서쪽으로 도보 6분

⏱ 10:00~19:00(일요일 휴무)

⑤

호이안 옷시장

호이안 시장호이안 중앙시장 동쪽에 있다. 아
오자이를 사거나 맞출 수 있다. 맞춤 아오자
이는 테일러Tailor Shop라고 부르는 양복점
에서도 주문할 수 있다. 소재와 디자인, 장
식이 시장 맞춤옷보다 좋지만, 가격이 더 비
싸다. 기성복이든, 맞춤이든 흥정은 기본이
다. 기념품도 옷시장에서 살 수 있다.

호이안 옷시장 ◎ Hoi An Cloth Market ⚐ 호이
안 시장에서 동쪽으로 3분. 해남회관 남쪽 건너편
호이안의 양복점들 Be Be Tailor, A Dong Silk,
Kimmy Tailor, Remy Tailor Hoi An

⑥

하하 아트

호이안 구시가 내원교 근처에 있는 기념품
가게이다. 그림, 그림이 새겨진 컵, 공책, 책
갈피, 마그넷, 스티커, 엽서 등 다양한 기념
품을 판매하고 있다. 가게 주인이 화가인데,
그가 직접 그린 그림도 판매한다. 그의 작업
실도 겸하고 있다. 호이안을 오래 기억하고
싶다면 하하아트를 찾아가보자.

◎ HA HA Art in Everything

⚐ 내원교에서 동쪽으로 도보 1분 이내

⏱ 08:30~22:00

⑦

메티세코

하노이와 호찌민, 호이안에 지점을 둔 고
급 의류 브랜드다. Metiseko natural silk
와 Metiseko organic cotton 가게가 붙어
있다. 의류, 잡화, 침구류⋯⋯. 게다가 모든
제품이 오가닉 코튼, 천연 실크로 만들었다.
스카프 하나만 만져봐도 품질 수준을 느낄
수 있다. 기념용, 선물용으로 다 좋다.

◎ 메티세코 호이안

⚐ 내원교에서 호이안 시장 방향으로 도보 2분

⏱ 08:30~19:30

AREA

휴양과 고도 산책을 한 번에

베트남 중부의 휴양 도시 다낭. 멋진 해변과 리조트, 산속 테마파크를
품은 이 아름다운 도시는 위아래로 매혹적인 고도까지를 거느리고 있다.
세계문화유산의 도시 호이안과 후에이다. 당신의 여행을 특별하게 해줄
세 도시의 핫 스폿과 유명 맛집, 카페와 체험 프로그램을 모두 모았다.

01 Da Nang
02 Hoi An
03 Hue

AREA 01
DA NANG

그림엽서에 나오는 휴양지 같다

황석영은 그의 소설 <무기의 그늘>에서 다낭의 매력을 이렇게 표현했다. "종려나무 가로수들이 지나가고 있었다. 깨끗한 프랑스식 건물들이 좌우에 보였다. 도시의 구획은 넓고 네모반듯했고, 무슨 그림엽서에 나오는 휴양지 같았다." 아름다운 미케 해변과 특급 리조트, 하롱베이처럼 신비로운 오행산과 산정 테마파크 바나 힐, 그리고 도시를 세로 질러 흐르는 한강. 그림엽서 같은 도시, 다낭으로 가자.

베트남 중부의 대표 도시. 도시 이름 다낭은 참어로 '큰 강 입구'라는 뜻이다. 실제로 한강이라는 제법 큰 강이 다낭을 고루 적셔주고는 이윽고 바다와 만난다. 다낭은 호찌민, 하노이, 하이퐁 다음으로 큰 베트남 4대 도시이다. 인구는 1백만 명이 조금 넘는다. 남중국해와 맞닿아 있으며, 하노이에서 남쪽으로 764km, 호찌민에서 북쪽으로 964km 떨어져 있다.

한강 서쪽은 다낭의 중심지이다. 시청과 재래시장, 다낭 대성당, 참 박물관이 이곳에 있다. 한강을 건너 동쪽으로 조금만 가면 그 유명한 미케 비치가 나온다. 해운대해수욕장의 8배나 되는 긴 백사장이 무척 아름답다. 이곳은 베트남 전쟁 때 미군의 휴양지였다. 지금은 그 자리에 고급 리조트가 줄지어 있다. 미케 비치는 미국 경제 전문지 <포브스>지가 선정한 세계 6대 해변 가운데 하나이다. 도시 남쪽에 있는 오행산과 산정 테마파크 바나 힐도 미케 비치에 버금가는 여행지이다.

다낭은 위아래로 세계문화유산 도시 호이안과 후에를 거느리고 있다. 호이안까지는 남쪽으로 자동차로 40분 거리이고, 베트남 마지막 왕조응우옌, Nguyen, 1802~1945의 수도였던 후에는 북쪽으로 약 92km 떨어져 있다. 후에까지는 자동차로 2시간 걸린다.

다낭은 18세기까지만 해도 후에나 호이안보다 존재감이 없었다. 그러나 그 이후 항구와 무역이 발전하면서 베트남 중부 최대 도시이자, 두 고도로 가는 관문으로 성장하였다.

주요 축제 다낭 세계 불꽃 축제(홀수 해 4월 말~6월 말, 한강 일대)
홈페이지 https://vietnam.travel

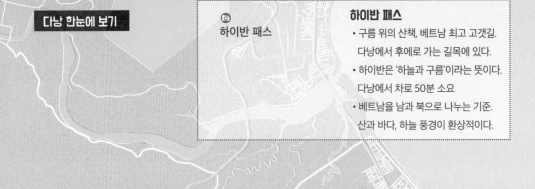

하이반 패스
- 구름 위의 산책, 베트남 최고 고갯길.
  다낭에서 후에로 가는 길목에 있다.
- 하이반은 '하늘과 구름'이라는 뜻이다.
  다낭에서 차로 50분 소요
- 베트남을 남과 북으로 나누는 기준.
  산과 바다, 하늘 풍경이 환상적이다.

하이반 패스

바나 힐
- 중세 유럽 같은 산속 테마파크. 케이블카 타고 20분 올라야 한다.
- 프랑스 마을, 놀이공원, 공중 다리 골든 브릿지 등이 유명하다.
- 다낭에서 서쪽으로 택시 또는 렌터카로 40분 소요

바나 힐

선짜 반도
- 원숭이가 사는 몽키 마운틴. 다낭 최고의 전망 명소. 지프 투어를 할 수 있다.
- 인터컨티넨탈 리조트. 레스토랑 '시트론'과 '라메종 1888'로 이름난 지상낙원 같은 리조트
- 거대한 해수관음상이 있는 린응사. 높이 67m의 베트남 최대 불상

몽키 마운틴

인터컨티넨탈 리조트 (라메종 1888)

씨트론 레스토랑

선짜 반도

린응사

투안 푸옥교

다낭 기차역

다낭 시청

한강 유람선

쏭한교

한시장

다낭 대성당

사랑의 부두

다낭 병원

참조각 박물관

용다리

한강

짠티리교

다낭 공항 ATM

썬휠 관람차 아시아 파크

띠엔손교

롯데 마트

미케 비치
- 미케 비치는 미국 경제 전문지 <포브스>가 선정한 세계 6대 해변이다.
- 베트남 전쟁 때 미군의 휴양지로 사용되었다.
- 해변을 따라 리조트와 전용 비치가 늘어서있다. 호캉스와 액티비티를 즐기자.

미케 비치

다낭 시티 투어
- 용다리 불쇼 매주 토·일 밤 9시 불쇼 진행
- 한강 유람선. 노보텔 호텔 인근 선착장에서 탑승.
- 다낭 대성당, 한 시장, 참 박물관, 사랑의 부두 투어
- 아시아 파크의 썬휠 관람차, 카오다이교, 꼰 시장 투어

올라라니 리조트

하얏트 리조트

빈펄 리조트

오행산

오행산(마블 마운틴)
- 하롱베이를 축소해 놓은 듯 신비로운 5개의 산. 대리석이 많아 마블 마운틴으로 불린다.
- 햇볕이 스며드는 신비한 동굴이 있으며, 다낭에서 손꼽히는 전망 명소이다.
- 손오공이 석가모니의 마술에 걸려 500년 동안 갇혀 지냈다는 전설의 산이다.

논느억 비치

호이안(30분)

다낭 골프 클럽

오션 빌라 리조트

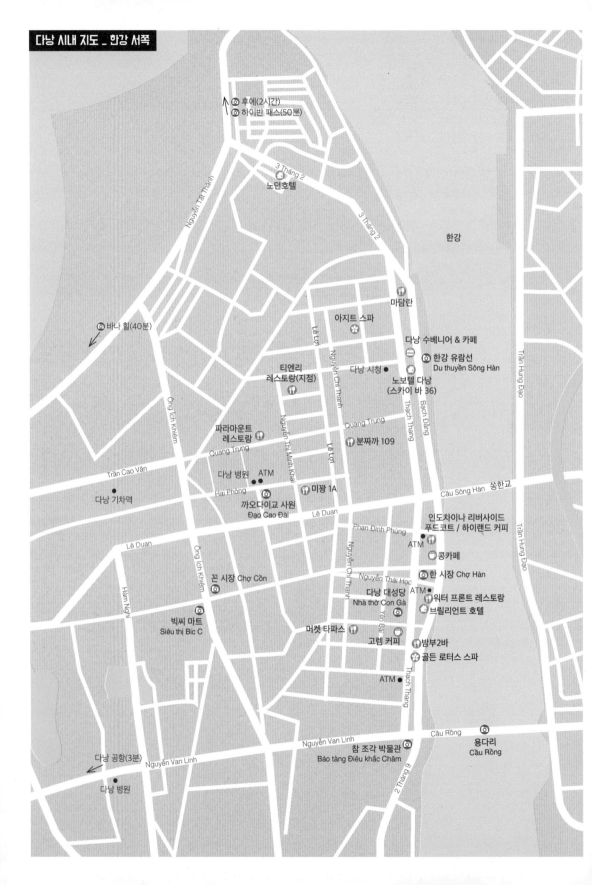

↑ 후에(2시간)
후에 하이반 패스(50분)

3 Tháng 2

노던호텔

3 Tháng 2

한강

← 바나 힐(40분)

마담란

아지트 스파

다낭 수베니어 & 카페

한강 유람선
Du thuyền Sông Hàn

Lê Lợi

Nguyễn Chí Thanh

티엔리
레스토랑(지점)

다낭 시청 ●

노보텔 다낭
(스카이 바 36)

Thạch Thang

Bạch Đằng

Trần Hưng Đạo

Quang Trung

Ông Ích Khiêm

파라마운트
레스토랑

Nguyễn Thị Minh Khai

Lê Lợi

분짜까 109

Quang Trung

Trần Cao Vân

다낭 병원 ● ATM

Hải Phòng

까오다이교 사원
Đạo Cao Đài

Lê Duẩn

미꽝 1A

Cầu Sông Hàn 쏭한교

다낭 기차역 ●

인도차이나 리버사이드
푸드코트 / 하이랜드 커피

Phan Đình Phùng

ATM

콩카페

Trần Hưng Đạo

Lê Duẩn

Ông Ích Khiêm

Nguyễn Chí Thanh

Nguyễn Thái Học

한 시장 Chợ Hàn

Hàm Nghi

꼰 시장 Chợ Cồn

ATM

다낭 대성당
Nhà thờ Con Gà

워터 프론트 레스토랑

브릴리언트 호텔

Yên Bái

빅씨 마트
Siêu thị Bic C

머켓 타파스

고렘 커피

방부2바

골든 로터스 스파

Thạch Thang

ATM ●

Cầu Rồng

용다리
Cầu Rồng

Nguyễn Van Linh

참 조각 박물관
Bảo tàng Điêu khắc Chăm

2 Tháng 9

다낭 공항(3분)

Nguyễn Van Linh

다낭 병원 ●

린응사
몽키 마운틴
인터컨티넨탈 리조트

퓨전 스위트 호텔
(루프탑 바 Zen)

바니스 다낭
백패커스 하우스

Trần Hưng Đạo

쏭한교 Cầu Sông Hàn

빈컴 마트
Vincom Mall

Phạm Văn Đồng

다낭 게스트 하우스

알라카르트 호텔
(루프탑 바 The Top)

Trần Hưng Đạo

비비큐 유엔 인

팻 피쉬

Nguyễn Công Trứ

Võ Nguyên Giáp

사랑의 부두
Cầu Tàu Tình Yêu

무엉탄 호텔

피커부 카페

다낭 리버사이드 호텔

Cầu Rồng
용다리
Cầu Rồng

Võ Văn Kiệt

콴탄히엔

미케 비치
My Khe Beach

2 Tháng 9

한강

조이 박스
커피   아리랑

라니 스파

Nguyễn Văn Thoại

라이즈마운트
리조트

무엉탄
럭셔리 호텔

Võ Nguyên Giáp

짠티리교 Cầu Trần Thị Lý

고자르커피

홀리데이비치 다낭

그랜드 머큐어 다낭

니르바스파 버거브로스

Chương Dương

43 팩토리 커피

티엔리
레스토랑(본점)

Phan Tứ

민토안 갤럭시

포레스트 마사지 앤 네일

람비엔 머피스

바빌론 스테이크 하우스

풀먼 비치 리조트 다낭

썬휠 관람차

레오 카페 푸라마 리조트

썬월드
(아시아 파크)

Hồ Xuân Hương

yma 스튜디오

2 Tháng 9

헬리오센터

헬리오 야시장

Phố Lotte

Võ Nguyên Giáp

띠엔손 다리

퓨전 마이아 리조트

오행산

다낭 챠밍 쇼

DOWNTOWN & MY KHE BEACH

다낭 시내와 미케 해변

다낭은 한강을 기준으로 서쪽과 동쪽으로 나뉜다. 한강 서쪽은 도심과 주택가이고 동쪽엔 해변과 고급 리조트가 몰려 있다. 도심의 대표 스폿으로 다낭 대성당, 참 조각 박물관, 한 시장을 꼽을 수 있다. 동쪽의 명소는 단연 미케 비치와 오행산이다. 거대 불상을 품은 린응사도 볼만하다. 다낭의 야경도 기억하자. 꿈틀 거리는 용을 닮은 용교, 한강 유람선의 은은한 불빛, 고층 빌딩의 화려한 조명…. 다낭의 밤은 화려하고 낭만적이다.

TRAVEL TIP
다낭, 이렇게 여행하자

① 첫날은 가성비 호텔에서 묵자

저녁에 출발하는 비행기는 대부분 한밤중에 도착한다. 이럴 경우, 첫날은 가성비 좋은 도심 호텔에 묵자. 공항에서 가깝고 숙박비를 절약할 수 있어 좋다. 강변 호텔이라면 야경 감상도 덤으로 할 수 있다.

② 여행 일정, 이틀이면 충분하다

다낭은 근대 이후 성장한 도시라서 명소가 많지 않다. 하루는 다낭 대성당, 참 조각 박물관, 재래시장을, 또 하루는 취향에 따라 오행산, 미케 비치, 바나 힐 중 두 곳을 여행하기를 추천한다.

③ 리조트 서비스 제대로 즐기기

리조트는 대부분 수영장, 전용 비치를 갖추고 있다. 스파와 액티비티, 쿠킹클래스, 셔틀 서비스, 자전거 대여 서비스, 시내와 근교 투어 프로그램을 진행하는 리조트도 많다. 예약 시 또는 안내 데스크에 확인하여 리조트를 제대로 즐기자.

④ 남국에서 즐기는 특별한 나이트 라이프

다낭은 야경이 꽤 아름답다. 한강 유람선, 용교, 한강과 미케 비치의 루프톱 바, 강변 카페에서 멋진 야경을 감상할 수 있다.

⑤ 나머지 일정은 호이안에서

바나힐 안 가는 여행자는 있어도 호이안 건너 뛰는 사람은 없다. 그만큼 매력적인 도시이다. 당일치기도 가능하지만, 해변과 올드타운 야경까지 충분히 즐기고 싶다면 1박 2일을 추천한다.

📷 MUST SEE

미케 비치 세계 6대 해변
오행산 하롱베이를 축소한 듯
한 시장 다낭 최대 재래시장
다낭 대성당 핑크 빛이 인상적인
참 박물관 참파 왕국을 품었다
바나 힐 케이블카 타고 산속 테마파크로

📷 MUST EAT

미꽝 다낭 지방의 명물 쌀국수
껌찌엔 베트남식 볶음밥
스테이크 맛은 좋고 가격은 착하다
분짜까 다낭에서 즐겨 먹는 어묵 국수
카페 쓰어다 연유를 넣은 아이스커피
느억 미아 달달한 사탕수수 주스

📷 MUST DO

아오자이 체험 인생샷을 찍고 싶다면
스파와 네일 여행의 피로를 풀자
야경 감상 루프톱 바 또는 유람선에서
액비비티 서핑부터 패러세일링까지
쿠킹 클래스 베트남 요리 교실

My Khe Beach 미케 비치

📍 미케해변 🚶 다낭국제공항에서 동쪽으로 택시 15분. 시내에서 택시 10분 내외
🏠 Võ Nguyên Giáp, Sơn Trà, Đà Nẵng

〈포브스〉 선정 세계 6대 해변

미케 비치Bãi biển Mỹ Khê는 미국 경제 전문지 〈포브스〉지가 선정한 세계 6대 해변 가운데 하나이다. 고운 백사장이 약 10km에 걸쳐 남북으로 길게 이어진다. 해운대해수욕장보다 8배나 길다. 〈포브스〉가 길이를 기준으로 선정한 게 아닌가 싶을 만큼 해변이 정말 길다. 비치 파라솔, 야자수 파라솔, 씨푸드 레스토랑, 리조트 등이 남국 특유의 로맨틱한 해변 풍경을 완성해준다. 베트남 전쟁 때에는 미군의 휴양 장소로 사용되었을 만큼 유명한 해변이다.

미케 비치는 다낭 북쪽의 선짜 반도에서 시작하여 부드럽게 곡선을 그리며 호이안 방향으로 내려간다. 미케 비치가 끝나는 곳에선 다낭의 또 다른 해변 논느억 비치가 이어진다. 두 해변 중간중간에 특급 리조트가 자리를 잡고 있다. 각 리조트 앞은 전용 비치이다. 숙소가 리조트가 아니라고 해서 걱정할 필요는 없다. 리조트 전용 비치가 아닌 곳이 대부분이므로 산책과 해수욕을 자유롭게 즐길 수 있다.

》TRAVEL TIP
미케 비치에서 무엇을 할까?

① 선베드에서 멋진 휴식을
선베드, 주스, 맥주, 칵테일. 우리 돈으로 1~2만원이면 마치 영화를 찍는 배우처럼 멋진 휴양을 즐길 수 있다. 리조트에 묵지 않아도 해변에 있는 선베드를 대여하고, 주스나 맥주를 시키면 된다.
đ 선베드 4만동, 주스와 맥주 2~3만동

② 해양 액티비티 즐기기
바구니 배, 바나나보트 등 액티비티를 즐길 수 있다. 서핑 강습도 받을 수 있다. 바구니 배는 파도가 잔잔한 북쪽 끝에서 탈 수 있다.

③ 기본 편의 시설 다 있어요
화장실, 샤워실, 작은 짐 보관용 로커, 어린이 놀이 시설을 갖추고 있다. 샤워실과 로커 사용료는 3천동 안팎이다.

루프톱 바에서 미케 비치 즐기기

미케 비치에서 남국의 밤을 즐기고 싶다면 루프톱 바로 가자. 주스도 좋고, 칵테일도 좋다.
하늘처럼 높은 곳, 그곳에 서면 바다도, 야경도, 그리고 낭만도 다 내 것이 된다.

The Top 더 탑

다낭의 야경 명소이다. 미케 비치의 알라까르트 호텔 다낭 비치 23층에 있다. 저녁 시간이면 자리가 없을 만큼 붐비는 핫플레이스이다. 다낭 시내와 바다를 동시에 감상할 수 있다. 투숙객이 아니라도 호텔 엘리베이터를 타고 입장할 수 있다. 실내와 야외로 구분되어 있다. 야외 수영장도 있다. 칵테일도 괜찮지만, 과일 주스 맛이 더 좋다.

📍알라까르트 호텔 다낭 비치 🚶시내에서 택시 10분 내외
🏠 200 Võ Nguyên Giáp, Phước Mỹ, Sơn Trà
📞 +84 236 3959 555 🕐 06:00~01:00
🍹모히토 11만7천동, 다이키리 칵테일 11만7천동
☰ http://www.alacartedanangbeach.com

Zen 젠

미케 비치 북쪽 퓨전 스위트 다낭 비치 호텔 23층에 있는 루프톱 바이다. 구조는 알라카르트의 더 탑과 거의 흡사하지만 5성급 최신 호텔이라 인테리어가 더 고급스럽다. 미케 비치 북쪽에 있어 접근성은 더 탑보다 조금 떨어진다.

📍퓨전 스위트 다낭 비치 호텔 🚶시내에서 택시 10분 내외
🏠 Võ Nguyên GiápAn Cu 5 Residential
📞 +84 236 3919 777 🕐 17:00~손님이 없을 때까지
🍹과일주스 7만9천동, 피나콜라다 16만5천동
☰ https://fusionresorts.com/fusionsuitesdanangbeach

미케 비치의 맛집과 카페

미케 비치와 그 인근의 맛집과 카페를 소개한다. 스테이크, 퓨전 음식, 베트남 음식, 그리고 한국 음식까지 즐길 수 있다. 바다, 리조트, 맛있는 음식. 미케 비치는 휴양의 삼박자를 다 갖추고 있다.

Quan Thanh Hien 콴탄히엔

미케 비치 앞 원형 교차로에 있는 씨푸드 음식점이다. 보통 다낭의 씨푸드는 가격이 적혀있지 않아 부르는 게 값인데 여긴 가격이 표기되어 있어 좋다. 다만 날마다 재료에 따라 가격이 달라지니 벽에 표기된 대형 메뉴판을 확인하자. 가격이 저렴하진 않지만, 가격 대비 신선도가 훌륭하다. 현지 분위기를 느끼기에도 좋다.

◎ Quan Thanh Hien 🚶 미케 비치 원형 교차로에서 남쪽으로 도보 1분 이내
🏠 Võ Nguyên Giáp, Phước Mỹ, Sơn Trà ◷ 09:00~23:00 ₫ 랍스터 200만동

> **≫ GOURMET TIP**
> **초고추장을 준비하자**
> 씨푸드는 역시 초고추장과 함께 먹어야 제맛이 난다. 콴탄히엔에 갈 거라면 미리 준비하자. 다낭의 롯데마트에서 살 수 있다.

Arirang 아리랑

다낭에서 한국 음식이 그립다면 아리랑으로 가면 된다. 한국 식당이 제법 늘었지만 그래도 아리랑만 한 곳은 많지 않다. 국내보다 가격이 좀 비싼 게 흠이지만 그래도 평균 이상의 만족감을 준다. 일단 양이 푸짐하다. 뜨끈한 밥 한 그릇에 칼칼한 찌개가 더해지면 제법 만족감을 얻게 될 것이다.

◎ 16.071388, 108.234702 🚶 한강교와 미케 비치 사이, K마트 다낭 본점에서 도보 3분 🏠 32 Phạm Văn Đồng An Hải Bắc Sơn Trà ☎ +84 902 842 700 ◷ 10:00~23:00 ₫ 김치전골 50만동, 김치찌개 14만동

Burger Bros 버거 브로스

한강 동쪽, 미케 해변의 홀리데이 비치 호텔 근처 한산한 골목에 있다. 아담한 가게지만 입소문을 탄 여행자의 발길이 끊이지 않는다. 사이즈가 어마무시한 미케버거와 맛의 밸런스가 좋은 치즈버거 인기가 제일 좋다. 15만동 이상이면 배달도 해준다. 한강 서쪽 시내에 2호점이 있다. 가격과 영업시간은 1호점과 같다.

1호점 ◎ 버거 브로스 🚶 홀리데이 비치 호텔에서 서쪽으로 도보 5분 🏠 31 An Thượng 4, Bắc Mỹ Phú ☎ +84 94 557 62 40 ◷ 11:00~14:00, 17:00~22:00 ₫ 미케버거 14만동, 치즈버거 8만동 🔗 https://burgerbros.amebaownd.com
2호점 ◎ 버거 브로스 🚶 다낭 한 리버 호텔에서 북쪽으로 도보 3분, 노보텔 다낭에서 서북쪽으로 도보 5분 🏠 4 Nguyen Chi Thanh st.,Hai Chau District ☎ +84 93 192 12 31

Lam Vien 람비엔

◎ 람비엔
🚶 프리미어 빌리지 리조트 서쪽 도로에서 도보 3분
🏠 88 Trần Văn Dư, Bắc Mỹ An, Ngũ Hành Sơn
📞 +84 236 3959 171
🕐 11:30~15:00, 16:30~22:00
💰 13만~20만동

2017 APEC 정상회담 때 문재인 대통령이 다녀가 더 유명해졌다. 원목과 벽돌로 지은 빌라 느낌이 나는 2층 레스토랑이다. 미케 해변의 프리미어 빌리지 리조트에서 가깝다. 트립어드바이저에서 이용자의 평가가 좋은 곳으로, 마담 란과 더불어 우리나라 여행자들도 많이 찾는 맛집이다. 한국어 메뉴판을 제공하는 몇 안 되는 음식점이다. 모닝글로리를 비롯한 채식 요리, 해산물 볶음밥, 크랩, 라면, 치킨, 밥, 그릴, 튀김류까지 다양하다. 가격은 한국보다 조금 낮은 수준이다. 예약 필수.

Babylon Steak Garden

바빌론 스테이크 가든

1호점 ◎ 바빌론 스테이크 가든 🚶 프리미어 빌리지 리조트 서쪽 맞은 편 🏠 422 Võ Nguyên Giáp, Bắc Mỹ An 📞 +84 90 382 88 04 🕐 10:00~22:00 💰 스테이크 라지 60만~70만동
2호점 ◎ 바빌론 스테이크 가든 2호점 🚶 알라카르트 호텔 다낭 비치에서 도보 5분 🏠 18 Phạm Văn Đồng, An Hải Bắc, Sơn Trà 📞 +84 98 347 49 69
3호점 ◎ 바빌론 스테이크 가든 3호점 🚶 용다리 동단에서 동쪽으로 도보 9분 🏠 5-A10 Võ Văn Kiệt, An Hải Bắc 📞 +84 98 347 49 69

다낭에서 손꼽히는 스테이크 맛집이다. 우리나라 티브이 프로그램에도 여러 번 소개되었다. 여행자들에게 인기가 많아 3호점까지 생겼다. 바빌론 스테이크는 불판에 고기를 올리고 직접 구워 먹기 좋게 잘라준다. 치지 직! 불판 위에서 고기 구워지는 소리가 침샘을 자극한다. 고기 맛이 좋고 분위기도 깔끔하다. 가격은 로컬 식당의 저렴한 음식값에 비하면 조금 비싼 느낌이 든다. 그런데도 여행자들의 사랑을 꾸준히 받고 있다. 이유는 맛과 양 때문이다.

Joy Box coffee

조이 박스 커피

📍 조이 박스 컨테이너 카페 🏃 미케 비치 인근. 무엉탄 럭셔리 호텔 다낭에서 북쪽으로 도보 8분 🏠 31 Trần Bạch Đằng, Phước Mỹ, Sơn Trà 📞 +84 90 635 55 79 🕐 07:00~23:30 💲 레몬주스 2만8천동, 코코넛 커피 3만2천동

컨테이너 박스로 만든 독특하고 자유롭고 매력적인 카페이다. 외관에서부터 여행자의 시선을 사로잡는다. 1층과 1층 야외 테이블, 2층, 그리고 2층의 야외 테이블까지 아기자기하게 꾸며 놓았다. 조이 박스의 또 다른 장점은 커피 가격이 저렴하다는 점이다. 메뉴를 베트남어와 영어로 표기하여 주문하는 데 어려움이 없다.

Leo Cafe 레오 카페

푸라마 리조트와 프리미어 빌리지 인근의 작은 카페이다. 인기 있는 메뉴는 레오 아이스 밀크 티와 코코넛 커피, 그리고 망고 스무디이다. 음료 외에도 감자튀김, 스파게티, 빵, 라면과 같은 간단한 식사 메뉴도 준비되어 있다. 식사 후 가볍게 커피 한잔하기 좋은 공간이다.

📍 Leo Cafe 🏃 프리미어 빌리지에서 도보 4분
🏠 140 Hồ Xuân Hương, Khuê Mỹ, Ngũ Hành Sơn
📞 +84 90 585 38 55 🕐 07:00~22:00 💲 레오 아이스 밀크커피 4만5천동

Gozar coffee 고자르 커피

한강 동쪽 인적이 드문 곳에 있는 조용한 카페이다. 분위기가 아늑해서 나만 알고 싶은 곳이다. 다낭 시내의 카페에서는 느낄 수 없는 여유가 조용히 흐른다. 가정집을 가게로 꾸며 놓았는데, 가게 밖 마당에도 테이블이 있어 노천카페 분위기가 난다. 주메뉴는 커피지만 주스와 디저트, 면 요리 등도 즐길 수 있다. 특히 주스 맛이, 그중에서도 당근 주스 맛이 뛰어나다.

📍 고자르 카페 🏃 홀리데이비치호텔에서 서쪽으로 도보 5분
🏠 104 Hoàng Kế Viêm, Bắc Mỹ Phú 📞 +84 917 013 879 🕐 06:30~22:00 💲 카푸치노 3만동, 당근 주스 3만동

43 Factory Coffee Roaster
43 팩토리 커피 로스터

2층 구조의 시원한 통유리가 돋보이는 카페이다. 연못 사이에 야외 테이블이 있어 더 매력적이다. 단체 테이블, 개인 테이블, 바 테이블 등에서 편하게 커피를 즐길 수 있다. 브랜딩이 잘된 카페로 소문이 자자하다. 커피 주문 시 원두를 직접 선택할 수 있다. 홈페이지를 통해 이벤트와 미팅을 위한 공간을 대여할 수도 있다. 직원들이 영어에 능숙하다.

📍 43 Factory Coffee
🚶 홀리데이 비치 다낭 리조트에서 서남쪽으로 도보 5분 소요
🏠 Lô 419, 422 đường Ngô Thì Sỹ, Bắc Mỹ An
📞 +84 93 493 97 67   🕐 08:00~20:00
🍴 카페쓰어다 5만5천동 ☰ https://43factory.coffee

SHOP

YMa Studio

여성 여행자의 취향을 저격하는 아담한 기념품 가게다. 작고 예쁜 그릇과 화병, 도마 등은 모두 핸드메이드 제품이다. 가격대는 저렴하진 않지만 그만큼 값어치를 한다. 유리나 자기 제품은 깨질 수 있으므로 나무 기념품을 추천한다. INU라는 강아지는 이 가게의 마스코트로 손님들에게 상품만큼이나 인기가 많다.

📍 yma studio
🚶 풀만 비치 리조트에서 서쪽으로 도보 6분
🏠 10 Khuê Mỹ Đông 2, Ngũ Hành Sơn
📞 +84 120 535 9878
🕐 10:00~19:00(일요일 휴무)
🍴 꽃병 약 1만원, 캐릭터 도마 약 1만5천원

©Wikimedia_Daderot

©Wikimedia_Da

📷 SPOT 02

Han Market 한 시장

📍 한 시장
🚶 다낭 대성당과 브릴리언트 호텔에서 북쪽으로 도보 3~4분
🏠 119 Đường Trần Phú, Hải Châu 1
📞 +84 511 3821 363 🕐 06:00~19:00

아오자이와 기념품을 사고 싶다면

재래시장은 그 어떤 명소나 관광지보다 생기와 활력이 넘친다. 재래시장에 가면 여행이 더 깊고 풍부해지는 느낌이 든다. 한 시장Chợ Hàn도 그런 곳이다. 한 시장은 다낭을 대표하는 재래시장이다. 서울에 비유하면 남대문시장 같은 곳이다. 요즘은 현지인보다 구경도 하고, 아오자이와 기념품을 사려고 모여드는 여행객이 더 많게 느껴질 정도이다.

1층에는 건어물과 과일가게, 기념품 가게, 잡화점과 생활용품 상점이 많다. 2층에는 의류 상점과 원단가게가 들어서 있다. 안쪽으로 더 들어가면 재봉틀을 돌려가며 옷을 만드는 재봉 가게도 많다. 커피, 차, 젓가락, 호랑이 연고 등 기념품을 사려면 1층으로, 아오자이를 사거나 맞추고 싶다면 2층으로 가면 된다.

한 시장의 아오자이 가격은 호이안보다 저렴하다. 하지만 그만큼 품질도 낮은 편이다. 기성복은 품질에 따라 40만동 이내, 맞춤 아오자이는 원단에 따라 다르지만 보통 40~50만동부터 시작된다. 아오자이를 만드는 시간은 최소 3시간 안팎이다.

한 시장의 대표 기념품

아오자이
아오는 옷, 자이는 '길다'라는 뜻이다. 청나라의 치파오를 베트남 기후에 맞게 개량한 것으로 현재의 갸름한 디자인은 프랑스 식민지 시대부터 유행했다.

전통 모자 농
아오자이와 함께 베트남 여인들의 상징이다. 야자나무 잎으로 만든다. 농라라고도 하는데 '농'은 모자라는 뜻이고, '라'는 나뭇잎을 뜻한다.

라탄 백
분위기가 이국적이어서 여성들에게 인기가 좋다. 가격이 저렴하고 독특한 디자인이 많아 고르는 재미가 있다.

나무젓가락
무게도 가볍고 디자인이 깔끔해서 선물이나 기념품으로 좋다. 반드시 포장 제품만 구입하자.

Indochina Riverside Towers
인도차이나 리버사이드 타워

인도차이나 리버사이드 타워는 쇼핑몰과 오피스텔을 접목한 현대식 건물이다. 한강 서쪽 쑹한 다리 근처에 있다. 시내에 있어 접근성이 좋고, 에어컨 바람이 시원해 더위를 피하기도 그만이다. 이 건물의 푸드코트에서 일식, 한식, 피자, 베트남 음식 등 다양한 메뉴를 입맛대로 즐길 수 있다. 통유리를 통해 바라보는 한강 전망이 아름다워 식사 시간이 더욱 즐겁다.

◎ 인도차이나 리버사이드 타워 ☀ 한 시장에서 한강 변 따라 북쪽으로 도보 4분
🏠 74 Bạch Đằng, Hải Châu 1, Hải Châu 📞 +84 2363 849 444
🕐 09:00~22:00 💰 4만동부터 ≡ http://indochinariverside.com

Highlands Coffee
하이랜드 커피

인도차이나 리버사이드 타워 1층에 있다. 빅씨 마트를 비롯한 다낭 곳곳에도 지점이 있다. 베트남의 스타벅스라고 할만큼 유명하지만, 가격은 비교할 수 없을 만큼 저렴하다. 여행자들은 보통 카페 쓰어다Cafe sua da를 마신다. 커피를 진하게 내려 연유와 얼음을 넣어 마시는 베트남식 아이스 커피이다. 맛이 진하고 달달하다. 디저트로는 식감이 좋은 베트남식 샌드위치 '치킨 반미'를 추천한다.

◎ 하이랜드 커피 인도차이나점 ☀ 인도차이나 리버사이드 타워 1층 🏠 74 Bạch Đằng, Hải Châu 1, Hải Châu 📞 +84 236 3849 203 🕐 06:30~23:00 💰 쓰어다 커피 2만9천동

Cong Cafe
콩 카페 한강 강변점

◎ 콩 카페 한강 강변점
☀ 한 시장에서 한강 변 따라 북쪽으로 도보 2분
🏠 98-96 Bạch Đằng, Hải Châu 1, Hải Châu
📞 +84 236 6553 644 🕐 06:30~23:00
💰 4만~5만동

한국인이 가장 많이 찾는 카페이다. 이유는 이곳의 대표 메뉴인 코코넛 밀크커피 때문이다. 하노이에서 먼저 유명해졌다. 코코넛 커피가 무슨 맛일까 싶지만 한번 맛보면 다시 그리워진다. 베트남 특유의 이국적인 분위기도 콩 카페를 다시 찾게 만든다. 주문 시간이 꽤 걸리니 인내심을 갖고 기다려야 한다. 코코넛 커피 한 모금이면 여행의 피로가 제법 사라질 것이다. 2층은 흡연자가 많으므로 비흡연자는 1층을 이용하자.

Another Markets
꼰 시장과 다낭 3대 마트

체험, 다낭의 삶 속으로

시장만큼 여행지의 내면을 체험하기 좋은 곳이 있을까? 남국의 햇살을 품은 과일, 비와 바람을 머금은 푸성귀, 남중국해의 파도 소리를 데리고 온 해산물, 그리고 베트남의 문화를 담은 의류와 기념품, 공산품들…… 자연의 생기와 사람의 숨결이 가득한 곳, 다낭의 또 다른 시장으로 가자.

MUST BUY SOUVENIR

Shopping List
기념품과 선물 리스트

커피
베트남은 브라질에 이어 세계에서 두 번째 커피 수출국이다.

견과류
한국에 비해 가격이 저렴하고 질이 좋아 인기 만점이다.

쥐포
한국보다 훨씬 저렴하다. 실패 확률을 피하기 위해선 마트 제품을 구매하는 게 좋다.

건조 과일
과자보다 몸에 좋고, 아이들도 좋아해서 베트남 여행의 추천 쇼핑 리스트로 손꼽힌다.

카페 핀
베트남 커피 드립퍼이다. 하나쯤 구입해서 베트남 커피 향을 느껴보는 건 어떨까.

라루맥주
다낭의 로컬 맥주이다. 100년이 넘은 베트남 중부지방의 전통 있는 프랑스 스타일 맥주이다.

옥수수 우유
옥수수 맛이 진하게 느껴지는 우유로 쓰어밥이라 부른다. 한국인의 입맛에 잘 맞아 한 번 맛보면 다시 찾게 되는 마법의 우유다.

코코넛오일
식용으로 먹어도 좋고, 피부에 양보해도 좋다. 한국으로 돌아오면 날이 추워 딱딱하게 굳어버리므로 따뜻한 계절에 사용하도록 하자.

쌀국수 라면
현지 맛집에서 먹는 쌀국수에 비할 바는 아니지만, 다낭 여행의 추억을 미각으로 되새기기에 좋은 아이템이다.

사이공맥주
호치민의 로컬 맥주이자 베트남에서 가장 많이 알려진 맥주이다. 보리 맥아뿐 아니라 쌀 몰트도 사용하여 맛이 부드럽다.

소스류
느억맘 소스와 칠리 소스를 추천한다. 느억맘 소스는 베트남 음식을 만들어 먹을 때 유용하고, 칠리 소스는 느억맘 소스보다 다양하게 활용할 수 있다.

노니
노니 열매는 슈퍼 푸드로 항암 효과가 뛰어나다. 주로 분말 파우더를 많이 구매한다. 과다한 복용은 좋지 않으니 주의해야 한다.

① Lotte Mart 롯데 마트

라면과 베트남 커피를 사고 싶다면

이국에서 만나는 우리의 대형 마트는 무언가 새롭다. 다낭까지 와서 굳이 가야 하나 싶지만, 한국 음식 생각이 나 여행 중 한 번은 꼭 들르게 된다. 우리나라 상품뿐만 아니라 베트남에서 살 수 있는 웬만한 물건은 다 구비해 놓고 있다. 여행용품이나 쌀국수, 라면, 건망고, G7 시리즈를 비롯한 베트남 커피를 추천한다. 롯데리아와 롯데시네마를 비롯해 한국 프랜차이즈 업체도 입점해 있다. 환전소도 있다.

◎ Lotte Mart Da Nang ⻠ 아시아 파크에서 남쪽으로 도보 5분. 공항에서 남동쪽으로 택시 13분 ⌂ 6 Nại Nam, Hoà Cường Bắc, Hải Châu ☏ +84 236 3611 999 ⏱ 10:00~22:00 🖥 http://www.lottemart.com.vn

② Vin Mart 빈 마트

다낭의 3대 쇼핑몰

다낭의 3대 대형 마트 중 하나로 한강교Cầu Sông Hàn, 쏭한 다리 동쪽 끝 빈컴 플라자 2층에 있다. 롯데 마트나 빅씨 몰보다 환경이 깔끔하고 쾌적하다. 빈컴 플라자엔 빈 마트, 영화관, 음식점, 커피숍 등이 입주해있다. 여행자들은 빈 마트와 푸드코트를 많이 찾는다. 1층엔 패션 및 액세서리 매장이 주를 이루고 있다. 상품의 질은 좋지만 가격이 비교적 높은 편이다.

◎ Vincom Plaza Da Nang ⻠ 쏭한 다리 동쪽 끝 아주라 타워 옆 ⌂ 910A Ngô Quyền, An Hải Bắc, Sơn Trà ☏ +84 90 529 72 80 ⏱ 09:30~22:00

 ©Flickr_manhhai

③ Con Market 꼰 시장

현지인이 더 많이 찾는다

한 시장이 여행자 중심 시장이라면, 꼰 시장Chợ Cồn은 현지인이 주로 찾는다. 그야말로 로컬들의 재래시장이다. 다낭 사람들의 삶에 가까이 갈 수 있어 좋다. 과일, 채소, 의류, 잡화, 생필품, 음식, 음료 등 일상에 필요한 모든 상품을 갖춰 놓았다. 단점이라면 명소와 호텔이 몰려 있는 한강에서 떨어진 시내 중심에 있다는 점이다. 시간이 허락한다면 잠깐 시간 내어 다낭 주민처럼 산책하듯 거닐어보자. 대각선 건너편에 빅씨 마트가 있다.

◎ 한 시장 ⻠ 한 시장에서 도보 16분, 택시 10분 ⌂ 269 Ông Ích Khiêm, Hải Châu 2 ☏ +84 236 3837 426 ⏱ 06:00~20:00

④ Bic C Da Nang 빅씨 마트

현지 분위기 물씬 나는 쇼핑몰

빅씨 마트Siêu thị Bic C, 씨에우티 빅씨는 롯데마트, 빈 마트와 더불어 다낭의 3대 쇼핑몰로 꼽힌다. 시내 중심 꼰 시장 대각선 방향에 있다. 롯데마트가 한국인이 많이 찾는다면 빅씨는 현지인들이 더 많이 이용하는 마트다. 그만큼 현지 분위기가 물씬 풍기며, 비교적 저렴한 물건이 많다. CGV 영화관, 롯데리아, KFC, 하이랜드 커피가 입점해 있다. 키즈 클럽이 있어 아이들과 함께 가면 좋다. 결제는 달러로도 가능하다.

◎ 빅씨마트 ⻠ 꼰 시장 대각선 방향 ⌂ 255-257 Hùng Vương, Khu thương Mại ☏ +84 919 194 555 ⏱ 08:00~22:00 🖥 http://www.bigc.vn

©Flickr_xiquinhosil

📷 SPOT 04

Marble Mountain 오행산

📍 오행산 🚶 다낭 시내에서 택시로 약 15~20분
🏠 52 Huyền Trân Công Chúa, Hoà Hải 📞 +84 126 713 5358
🕐 07:00~17:30 ₫ 4만동, 엘리베이터 1만5천동(편도) ☰ www.nguhanhson.org

"저긴 분명 무언가 있겠구나!"

오행산Ngũ Hành Sơn, 응우한썬은 신비롭다. 하롱베이를 축소해 육지로 옮겨 놓은 것 같
다. 저런 기묘한 산이 시내 있다니! 주택가 한복판에 우뚝 솟아 있는 모습이 무척 신
비롭다. 오행산은 다낭 도심에서 남쪽으로 10km 떨어져 있다. 크고 작은 산 5개가 모
여 있어서 오행산이라 부른다. 영어로는 대리석으로 이루어졌다 하여 마블 마운틴
Marble Mountain으로 불린다. 산 5개는 나무, 불, 흙, 철, 물을 상징한다. 각 산의 사원
과 동굴이 볼만하다.

일설에 의하면 오행산은 〈서유기〉의 주인공 손오공과 깊은 인연이 있는 곳이다. 손
오공은 석가모니와 맞짱을 떴다가 500년이나 오행산에 갇히게 되는데 그 산이 바로
다낭의 오행산이라는 것이다. 〈서유기〉에 보면 석가여래가 손가락 다섯 개로 뾰족한
산 5개를 만들고 그 산에 손오공을 가두는데, 실제로 다낭의 오행산도 뾰족하게 생겼
다. 공식적으로 인정받은 것은 아니지만 서유기의 오행산과 많이 닮은 점이 흥미롭다.
관광객이 가장 많이 찾는 산은 물의 산Thủy Sơn, 투어 썬이다. 여러 동굴과 사원을 둘
러볼 수 있고, 산을 더 오르면 다낭 시내가 한눈에 내려다보인다. 물의 산 동굴 중에
서 '천국과 지옥 동굴'암부 동굴, 동엄푸, Dong Am Phu과 '후옌콩 동굴'Huyền Không, 현공
동굴은 꼭 보아야 한다. 그만큼 경이롭고 신비하다. 동굴과 사원을 둘러보는 데 2~3
시간 걸린다.

≫TRAVEL TIP 효과적인 오행산 여행법

① 운동화 꼭 챙기세요
오행산은 길이 미끄럽고 제법 험한 곳도 있다.
꼭 운동화를 챙겨야 한다.

② 생수도 필수예요
날이 더우므로 생수를 미리 챙기자. 빈손으로
갔다가 몇 배 바가지 쓸 수 있다.

③ 엘리베이터를 이용하세요
시간을 아끼려면 엘리베이터를 이용하자. 입
장권과 엘리베이터 승차권을 함께 구매하자.
엘리베이터는 편도만 이용하자. 여행 후 엘리
베이터까지 다시 이동하는 거리가 만만치 않
다. 게다가 하산할 땐 길 따라 걷다 보면 어느
순간 밑에까지 다 내려와 있다.

©Flickr_rhjpage

TRAVEL TIP
여기는 꼭 가세요

① 천국과 지옥 동굴

천국과 지옥 동굴은 물의 산투어 썬의 암부 동굴동 엄푸, Dong Am Phu을 부르는 별칭이다. 천연 동굴에 스토리가 있는 조형물을 설치하여 지옥과 천국의 드라마를 재현해 놓았다. 지옥 동굴에서는 고문당하는 사람들을 적나라하게 표현하여 가슴이 섬뜩해진다. 이곳을 지나면 천국으로 가는 길이다. 길이 가파르지만 끝까지 오르면 시원한 바람과 멋진 전망을 만끽할 수 있다.

② 후옌콩 동굴

물의 산투어 썬에 있는 후옌콩 동굴Huyền Không, 현공 동굴은 신비 그 자체이다. 커다란 동굴 공연장처럼 생겼는데, 홀 천장에 넓은 구멍 몇 개가 뚫려 있다. 구멍 사이로 햇볕이 스며드는 모습이 무척 경이롭다. 신비함이 가득한 빛의 기운에 빠져 한동안 멍하니 바라보게 될 것이다. 마치 영화 <ET>에서 외계인이 UFO로 인간을 초대할 때 나오는 장면과 흡사하다고나 할까?

현공동굴
(후옌콩 동굴)
영암동굴
징주동굴
영응사
도담사
담태사
은통동굴
망해대 전망대
영응보탑
망강대 전망대
암푸동굴
(천국과 지옥 동굴)
매표소
매표소
엘리베이터
주차장과 화장실

©Flickr_xiquinhosilv

Danang Cathedral

다낭 대성당

📍 다낭 대성당

🚶 한 시장 인근. 브릴리언트 호텔 서쪽 다음 블록

🏠 156 Trần Phú, Hải Châu 1, Q. Hải Châu

🕐 07:00~17:30

아담하고 예쁜 핑크빛 성당

성당이 핑크빛이라니! 맑은 날 해가 중천에 떠오르면 분홍빛은 더욱 도드라진다. 다낭 대성당Giáo xứ Chính tòa Đà Nẵng은 한강 서쪽 시내 중심부에 있다. 1923년, 프랑스 식민 통치 시기에 지어졌다. 다낭에 천주교가 전해진 것은 1600년대 초이다. 이런 배경 때문인지 베트남엔 인도차이나반도의 다른 나라보다 천주교 신자가 많은 편이다. 성당 뒤편으로 가면 작은 정원처럼 꾸민 동굴과 성모 동산이 있다. 현지인들의 웨딩 촬영 명소이다. 성당 정문이 닫힌 경우가 종종 있다. 이럴 땐 정문 반대편 옌 바이Yên Bái 길가에 있는 후문으로 들어가면 된다. 성당 내부를 관람하고 싶다면 미사 시간을 이용하자. 평일 미사는 17시에 시작한다. 일요일엔 낮부터 늦은 오후까지 입장이 가능하다. 일요일 오전 10시에는 영어 미사가 열린다.

≫ TRAVEL TIP

성당에 가면 수탉을 찾아보세요

성당에 수탉이 있다고? 그렇다. 고개를 들어 성당 첨탑을 보시라. 거기, 수탉 한 마리가 앉아 있다. 정확히는 수탉을 형상화한 풍향계이다. 이 조형물 덕에 수탉 성당이라는 별칭을 얻었다. 베트남어로 나토 콩가Nhà thờ Con Gà라고 하는데, 'Nhà thờ'는 성당을 'Con Gà'는 닭을 뜻한다. 베드로가 수탉이 울기 전에 예수를 배신했으나 훗날 회개한 사실을 상징적으로 표현한 조형물이다.

©Flickr_xiquinhosilva

©Flickr_xiquinhosilva

Waterfront Restaurant & Bar
워터 프론트 레스토랑 & 바

한강을 감상할 수 있는 멋진 식당이다. 인테리어가 모던한 듯 편안하다. 1층은 바, 2층은 레스토랑이다. 1층 바에서도 한강이 보이지만 2층 테라스 좌석의 전망이 가장 뛰어나다. 다만 날이 무더울 땐 테라스 자리는 피하는 게 좋다. 서양식과 베트남 현지식 등 다양한 메뉴를 먹을 수 있다. 한글 번역 메뉴판이 있어 주문하기 편리하다. 가격대는 다소 높은 편이다.

◎ 워터 프론트 레스토랑 & 바
🚶 다낭 대성당에서 한강 방향으로 도보 3분
🏠 150 Bạch Đằng, Hải Châu 1, Hải Châu
📞 +84 90 541 17 34 ⓒ 09:30~23:00
🍴 11만동~55만동

Merkat Tapas 머켓 타파스

분위기가 밝고 아늑한 스페인 음식점이다. 17년 동안 요리 경력을 쌓은 스페인 요리사 Dani Moreno가 주방을 지키고 있다. 스페인 음식, 하면 떠오르는 타파스, 빠에야, 추로스부터 스페인의 흑돼지 고기 이베리코와 와인 상그리아까지! 제대로 된 스페인 음식을 맛볼 수 있다. 빠에야는 2인 이상 주문 시 가능하다. 가격은 현지 음식보다 비싼 편이다.

◎ Merkat Tapas 🚶 다낭 대성당에서 서남쪽으로 도보 4분
🏠 79 Lê Lợi, Thạch Thang, Q. Hải Châu
📞 +84 236 3646 388
ⓒ 11:30~14:30, 저녁 18:00~22:00
🍴 빠에야 24만동, 츄러스 8만동
≡ http://merkatrestaurant.com

Golem coffee 고렘 커피

인기 있는 카페의 조건은 둘 중 하나이다. 인생 샷을 찍고 싶을 만큼 인테리어가 아름답거나, 시그니처 메뉴를 갖춘 카페이거나. 고렘 커피는 후자에 속한다. 주인공 이름은 특이하게도 더티 커피Dirty coffee다. 커피가 잔 밖으로 흘러내려 지저분하면서도 특이한 비주얼을 자랑한다. 맛은 퍽 달콤하다. 다낭 대성당에서 도보 1분 거리에 있다.

◎ 고렘 카페 🚶 다낭 대성당에서 남쪽으로 도보 1분
🏠 27 Trần Quốc Toản, Hải Châu 1, Hải Châu
📞 +84 93 496 27 81 ⓒ 7:00~22:00
🍴 더티커피 5만5천동

©Flickr_South Phot

📷 **SPOT 06**

Dragon Bridge
용 다리

📍 롱교 🚶 다낭 시내 참 박물관 인근
🏠 Nguyễn Văn Linh, Phước Ninh
🕐 07:00~17:30 ⓘ 불 쇼 일정 토·일 21:00

주말마다 불 쇼가 열리는

용 다리Cầu Rồng, 꺼우롱는 다낭의 랜드마크이다. 2013년 베트남 전쟁 승리 38주년을 기념하여 개통하였다. 길이는 666m, 높이는 37m에 이른다. 왕복 6차로 사이에 거대한 용 조형물을 설치해놓았다. 머리가 미케 비치를 향하고 있는데 그 모습이 바다를 향해 금방이라도 날아오를 것 같다. 낮에는 금빛이지만 밤에는 조명을 받아 빨강, 파랑, 노랑 등으로 화려하게 변한다. 토요일과 일요일이라면 저녁 9시를 잊지 말자. 용이 불을 뿜어내는 그 유명한 불 쇼가 이때 시작된다. 불 쇼가 끝나면 용이 갑자기 물을 내뿜기 시작한다. 물 쇼가 시작되는 것이다. 용머리 가까이 있으면 물벼락을 맞을 수 있다. 불쇼를 관람하기 가장 좋은 곳은 한강 산책로이다. 한강의 유람선을 타며 쇼를 감상하는 것도 좋다. 다낭의 밤이 더욱 로맨틱하게 느껴질 것이다.

EAT & DRINK

🍴

Bamboo 2 Bar 밤부 2바

간단히 줄여서 밤부 바라고 부른다. 강변 대로변에 있어 한강 전망이 좋다. 용다리가 잘 보여 주말 불 쇼를 즐기기에도 안성맞춤이다. 3층으로 이루어져 있는데, 1층엔 야외 테이블이 제법 많다. 북적이는 분위기가 좋으면 1~2층, 조용한 분위기가 좋으면 3층에 자리를 잡자. 칵테일, 맥주, 양주를 두루 즐길 수 있으며, 식사 메뉴로는 볼로네즈 스파게티와 씨푸드 피자의 인기가 많다.

📍 Bamboo 2 Bar 🚶 용다리 서단에서 북쪽으로 도보 6분
🏠 216 Bạch Đằng, Phước Ninh 📞 +84 905 544 769 🕐 10:00~02:00
💰 12만5천동부터 🔗 http://bamboo2bar.com

Museum of Cham Sculpture

참 조각 박물관

📍 참박물관

🏃 용다리 서쪽 끝 교차로 인근

🏠 Số 02 2 Tháng 9, Bình Hiên, Hải Châu

📞 +84 511 3470 114

🕐 07:00~17:00 ₫ 6만동

≡ www.chammuseum.vn

≫ TRAVEL TIP
영어 오디오 투어
박물관에 한글 안내나 한국어 통역은 없으나 아쉬운 대로 영어로 진행되는 오디오 투어는 참여할 수 있다. 비용은 2만동이다. 참파 왕국을 더 깊이 느끼고 싶다면 세계문화유산인 미썬 유적지로 가면 된다. 호이안에서 택시로 1시간 거리이다.

참파 왕국의 영광을 품다

참 박물관Bảo tàng Điêu khắc Chăm, 바오땅 디에우 칵 참은 참파 왕국의 유물을 단독으로 전시하는 세계 유일의 박물관이다. 말레이계 참족이 세운 참파 왕국The Kingdom of Champa, 192~1832은 인도, 중국, 캄보디아 등과 교류하며 베트남 중남부 지방을 오랫동안 다스렸다. 4~13세기가 전성기였다. 참파는 베트남에선 드물게 힌두교를 국교로 삼은 왕국이다.

참 박물관은 용다리 서쪽 시내에 있다. 1915년 7월 프랑스 학술 조사단이 프랑스인 저택을 개조해서 만들었다. 아름다운 정원이 눈길을 끄는데, 산책하듯 관람하는 매력이 남다르다. 유물 대부분은 힌두교 문화에 불교가 부분적으로 가미된 조각상이다. 미썬을 비롯한 다낭 주변 참파 유적지에서 가져온 유물이다. 대표적인 유물은 시바 신 조각상이다. 시바 신은 당시 힌두교의 3대 신 가운데 영향력이 가장 컸던 신인데, 힌두교 특유의 조각상을 구경하는 맛이 낯설고 이채롭다. 다원적이고 다신적인 힌두교를 이해하는 데 도움을 받을 수 있다.

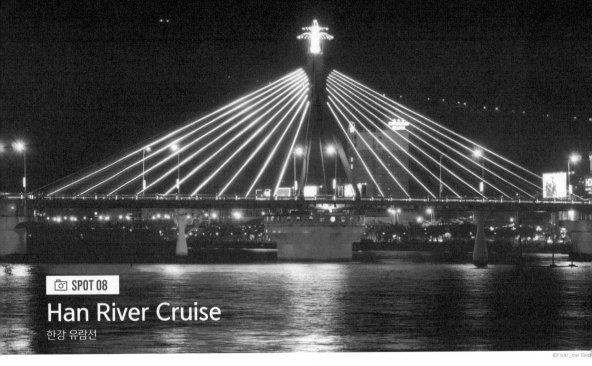

©Flickr_Joel Ried

📷 **SPOT 08**

Han River Cruise
한강 유람선

📍 Du thuyen Song Han
🏃 노보텔 다낭 프리미어 한강 호텔 앞 선착장 🏠 34 Bạch
Đằng, Thạch Thang, Q. Hải Châu 📞 +84 97 303 1863
🕐 매일 18:00, 20:00 ₫ 15만동 http://dulichsonghan.net

다낭의 야경을 즐기자

유람선을 타면 괜스레 여행을 제대로 하고 있다는 느낌이 든다. 서울의 한강에 유람선이 있듯이 다낭의 한강에도 유람선Du thuyền Sông Hàn 투어가 있다. 매일 저녁 2회, 약 30분에서 1시간가량 운행한다. 다낭 시내 노보텔 다낭 호텔 인근 선착장에서 탑승하므로 누구나 쉽게 이용할 수 있다.

시내에서, 또는 리조트에서 저녁 식사를 마친 후, 산책도 할 겸 유람선을 타며 다낭의 야경을 즐겨보는 건 어떨까? 주말이라면 유람선을 타고 용 다리 불 쇼를 감상하는 것도 좋다. 저녁 8시에 출발하는 유람선을 타면 야경과 불 쇼를 함께 감상할 수 있다. 강 위에서 감상하는 야경은 땅에서 보는 풍경과 사뭇 다르다. 유람선 투어는 다낭의 또 다른 매력을 느끼게 해줄 것이다. 티켓은 당일 현장에서 구매해도 되고, 미리 여행사에 예약해도 된다. 투숙하는 호텔을 통해 예약하는 것도 좋은 방법이다.

EAT & DRINK

Madame Lan 마담 란

가격이 합리적이고, 음식이 우리 입맛에 잘 맞는다. 볶음밥, 쌀국수, 쉬림프롤, 반쎄오베트남식 부침개, 반베오동그랗고 얇은 쌀떡 위에 토핑과 소스 올린 음식은 누구나 부담 없이 즐길 수 있다. 개인의 취향에 따라 주문하도록 하자. 한강 유람선 선착장과 노보텔 다낭 프리미어 한강 호텔에서 북쪽으로 약 450m 거리에 있다.

📍 마담란 레스토랑 🏃 노보텔 호텔에서 북쪽으로 도보 6분
🏠 4 Bạch Đằng, Thạch Thang Q. Hải Châu 📞 +84 236 3616
226 🕐 06:00~22:00 ₫ 반베오 4만2천동, 반쎄오 6만2천동
≡ www.madamelan.vn

Sky Bar 36 스카이 바 36

노보텔 호텔 36층에 있는 루프톱 바이다. 알라카르트 호텔의 루프톱 바 The Top, 아시아 파크Sun World Danang Wonders의 대관람차와 더불어 다낭의 3대 야경 명소이다. 하지만 이 중에서 하나를 꼽으라면 단연 스카이 바 36이다. 칵테일 한잔 즐기며 한강과 다낭의 야경을 즐기기에 이만한 곳도 없다. 투숙객이 아니어도 입장이 가능하다.

⊙노보텔 다낭 프리미어 ☆노보텔 다낭 호텔 36층 ⌂36 Bạch Đằng, Thạch Thang, Quận Hải Châu ☎+84 236 3929 999 ⊙17:00~02:00(일요일은 24:00 까지) ₫MISS SKY36 39만동, GREY GOOSE VODKA 29만9천동

SHOP

Danang Souvenirs & Cafe 다낭 수베니어 & 카페

노보텔 다낭 길 건너에 있는 기념품 상점이다. 상품 품질이 재래시장이나 대형 마트보다 좋다. 카페도 운영하고 있어서 커피를 마시며 갖가지 기념품을 구경하기 좋다. 수공예품, 핸드메이드 인형, 옛날 베트남 화폐, 커피, 차, 코코넛 제품, 티셔츠, 엽서, 액세서리, 수제비누 등 종류도 다양하다. 수제비누는 달랏의 청각 장애인들이 직접 만들어 더 특별하다.

⊙다낭 기념품 카페 ☆노보텔 다낭 프리미어 한강 호텔 북쪽 길 건너편 ⌂34 Bạch Đằng, Hải Châu, Đà Nẵng ☎+84 236 3827 999 ⊙07:30~22:30 ▤http://danangsouvenirs.com

Bun Cha Ca 109 분짜까 109

분짜까Bun Cha Ca라는 어묵 국수를 판매하는 식당이다. 하노이 음식 분짜에 어묵을 뜻하는 '까'를 덧붙여 이름 지었다. 분짜에 해안 도시의 장점을 살려 어묵을 더한 것이다. 이 집의 분짜까는 하노이의 분짜 식당들만큼이나 식감이 뛰어나다. 주변에 많은 분짜까 식당이 있지만 그중에서 군계일학이다.

⊙분짜까 109 ☆노보텔 다낭 호텔에서 남서쪽으로 도보 4분 ⌂109 Nguyễn Chí Thanh, Hải Châu ☎+84 94 571 3171 ⊙06:30~21:30 ₫라지 사이즈 3만동, 스몰 사이즈 2만5천동

📷 SPOT 09

Cau Tinh yeu
Da Nang

사랑의 부두

📍 사랑의 부두

🚶 용다리 동단 한강 변. 다낭 리버사이드 호텔 인근

🏠 Đường Trần Hưng Đạo, An Hải Trung

데이트도 하고 불 쇼도 감상하고

싱가포르의 멀라이언 상을 기억하는가? 용다리 남단 한강 변에도 멀라이언 상처럼 생긴 조형물이 있다. 멀리서 보면 사자처럼 보이는데, 가까이서 보면 용머리 상이 분수를 내뿜고 있다. 용다리와 용머리 상. 다낭은 이래저래 용의 도시이다. 용머리 분수를 지나면 자연스레 사랑의 부두꺼우 띤 예우로 이어진다. 밤이 되면 하트 모양 등불이 로맨틱한 분위기를 연출해준다. 사랑의 부두엔 데이트를 즐기는 커플이 유난히 많다. 서울의 연인들이 남산에 사랑의 자물쇠를 채우듯, 사랑의 부두에도 사랑의 증표로 자물쇠를 걸어둔다. 사랑이 영원하기를 바라는 것은 매한가지인가 보다. 사랑의 부두는 주말에 더욱 붐빈다. 용다리와 가까워 불 쇼를 관람하기에 제격인 까닭이다. 주말에 사랑하는 사람과 다낭을 여행 중이라면 잊지 말고 사랑의 부두로 가자. 당신의 다낭 여행을 더욱 특별하게 해줄 것이다.

BBQ UN IN
비비큐 유엔 인
📍 BBQ UN IN
🚶 사랑의 부두에서 북쪽으로 강변 따라 도보 5분
🏠 379 Đường Trần Hưng Đạo, An Hải Trung
📞 +84 236 6545 357 🕐 11:30~22:30 💲 30만동
☰ https://www.facebook.com/bbqunin

BBQ 맛집이다. 맛이 일품이어서 늘 가게가 붐빈다. 특히 RIB이 맛있기로 유명하다. 세트를 주문하면 종류에 따라 사이드 메뉴를 2~4개까지 추가로 선택할 수 있어 고르는 재미가 있다. 메뉴판에 사진이 있어 선택하기 쉽고, 가게의 직원들이 인사말 정도는 우리 말로 할 수 있으므로 언어 부담이 없다. 식사 후엔 사랑의 부두와 용다리 주변을 산책하자.

Fatfish Restaurant & Lounge Bar
팻피쉬 레스토랑 & 라운지 바

다낭 맛집 랭킹 상위에 오른 유명 음식점이다. 메뉴는 아시안 퓨전 음식과 이탈리안 음식이 주를 이룬다. 맛도 좋고, 직원들이 영어에 능통해 이용하기에 편리하다. 한국인 여행자에겐 조금 덜 알려졌으나, 서비스가 좋고 친절하다는 평이 많아 소문 듣고 찾아오는 손님이 늘고 있다. 가격대는 비교적 높은 편이다.

📍 팻피쉬 레스토랑
🚶 사랑의 부두에서 강변 따라 북쪽으로 도보 2분
🏠 439 Đường Trần Hưng Đạo, An Hải Trung
📞 +84 236 3945 707 🕐 09:00~23:30
💲 25만~40만동 ☰ www.fatfishdanang.com

Peekaboo Coffee
피카부 카페

용다리와 사랑의 부두에서 가깝다. 피카부는 얼굴을 가렸다가 아기에게 '까꿍' 하며 얼굴을 내보이는 놀이를 의미한다. 분위기가 이름처럼 귀엽진 않지만, 나무와 연못이 마음을 편안하게 해준다. 이곳의 코코넛 커피도 콩 카페 못지않다. 바로 앞엔 사랑의 부두가, 근처엔 용다리가 있어서 두 곳을 둘러본 후 쉬어 가기 좋다. 주말엔 이곳에서 불 쇼를 기다리는 것도 좋은 방법이다.

📍 피카부 카페 🚶 사랑의 부두 동쪽 맞은 편
🏠 503 Đường Trần Hưng Đạo, An Hải Trung
🕐 07:00~23:30
💲 4만~5만동

Sun World Danang Wonders

아시아 파크

📍 아시아파크
🚶 롯데 마트에서 도보 5분
🏠 1 Phan Đăng Lưu, Hoà Cường Bắc
📞 +84 91 130 55 68
🕐 월~금 15:30~22:30, 토~일 09:30~22:30
💰 성인 월~목 20만동, 금~일 30만동

스릴 넘치는 야경 명소

아시아 파크는 한강 변에 있는 놀이공원이다. 대표 놀이시설은 단연 대관람차 선휠Sun Wheel이다. 밤이 되면 관람차가 더욱 빛난다. 원형 관람차 불빛은 아름다움을 넘어 황홀하기까지 하다. 지상에서 보는 불빛도 아름답지만 관람 차에서 감상하는 다낭 야경도 이에 뒤지지 않는다. 아시아 파크의 다양한 놀이시설 가운데 단연 으뜸이다. 모노레일을 타고 단지 전체를 구경할 수 있다. 키즈클럽도 있어서 아이와 함께 실내에서 놀기도 좋다. 자유 이용권을 구매하면 관람차를 비롯하여 어느 시설이든 이용할 수 있다.

>> **TRAVEL TIP**
아오자이 입고 인생 사진 만들기
아시아 파크에서 아오자이를 유료로 대여할 수 있다. 아오자이를 입고, 이왕이면 농까지 쓰고 현지인이 된 기분으로 아시아 파크를 즐겨보자.

Helio Center
헬리오 레크리에이션 센터

다낭 최대 게임센터

아이들과 여행한다면 헬리오센터는 무척 반가운 장소가 될 것이다. 다낭 최대 게임센터로, 우리나라에서도 이만한 오락실은 찾기 힘들다. 범퍼카는 물론 인형 뽑기와 다양한 게임시설, 놀이방까지 갖추어 있어 아이들과 함께 게임을 즐기기에 안성맞춤이다. 입장료는 없으며, 필요한 금액만큼 카드를 충전하여 게임을 즐기면 된다. 인근에 헬리오 야시장과 아시아 파크와 롯데마트가 있어 더불어 일정을 소화하기에 좋다.

📍 헬리오 레크리에이션 센터 🚶 롯데마트에서 북서쪽으로 도보 10분
🏠 Đường 2 Tháng 9, Hoà Cường Bắc, Hải Châu
📞 +84 236 3630 888 🕐 평일 17:30~22:00, 주말 08:00~22:30

©Flickr_xtraice

📷 **ONE MORE**

Helio Night Market Danang 다낭 헬리오 야시장

새롭게 떠오르는 다낭의 핫 스폿이다. 헬리오센터 옆에 있다. 금, 토, 일 저녁에 열린다. 다낭 한 시장이나 호이안 야시장보다 현지 분위기를 느낄 수 있어서 좋다. 베트남 음식뿐 아니라 다코야키, 피자 등 세계 음식을 맛볼 수 있다. 심지어 김밥과 떡볶이를 파는 가게도 여러 곳이다. 가게에서 음식을 산 뒤 시장 가운데에 있는 테이블에 앉아 먹으면 된다. 비용은 1인 기준 1만원이면 여러 음식을 배부르게 즐길 수 있다. 시장 한편에서는 벼룩시장도 열린다. 의류, 신발, 액세서리, 화장품 등을 판매한다. 📍 헬리오 레크리에이션 센터 🚶 헬리오센터 옆 🏠 Đường 2 Tháng 9, Hoà Cường Bắc, Hải Châu 📞 +84 236 3630 888 🕐 금, 토, 일 17:00~23:00

📷 SPOT 12

Charming Danang Show

챠밍 다낭 쇼

다낭의 매력을 뽐내는 공연

요즘 여행객에게 새롭게 인기를 끌고 있다. 챠밍 다낭 쇼는 다낭의 전통문화에 바탕을 둔 특별한 공연이다. 참파 왕국과 후에 왕조에 관한 이야기를 화려한 춤과 노래로 풀어낸다. 유명한 예술가 당린응아와 고전 무용가 도안브언린이 출연하여 전통음악을 공연한다. 베트남의 국화인 연꽃, 전통 옷 아오자이, 전통 모자 농라 등이 의상과 소품으로 등장하여 지루할 틈이 없다. 다낭의 역사와 문화를 담은 공연 감상으로 새롭고 특별한 여행을 마무리하자.

📍 Charming Danang Show 🚶 헬리오 센터와 롯데마트에서 남서쪽으로 도보 15분
🏠 02 Cách mạng tháng Tám, quận Hải Châu, Hoà Cường Nam
📞 +84 90 451 79 88 🕐 19:30~20:30 💰 80만동 🚇 www.chammuseum.vn

EAT & DRINK

Thien Ly Restaurent 티엔 리

스프링롤, 반쎄오 등 로컬 음식을 저렴하게 판매하는 식당이다. 메뉴판에 한글 표기가 있어 주문하기 편리하다. 이 식당의 특징 중 하나는 새우, 소고기 등 원하는 재료를 선택하여 반쎄오를 주문할 수 있다는 점이다. 아시아 파크, 롯데마트를 방문하는 길에 들르기 좋다. 에어컨이 없으므로 무더운 시간대는 피하도록 하자. 다낭시청 서쪽 6분 거리에 체인점이 있다.

📍 16.044171, 108.221827 🚶 민토안 갤럭시 호텔에서 서쪽으로 도보 2분 🏠 27 Nguyen Son Tra, Hai Chau 📞 +84 236 3699 278 🕐 07:00~21:00 💰 4만~5만동 🚇 www.thienlydn.com

Cao Dai Temple
까오다이교 사원

📍까오다이교 사원
🚶 한강교(까우 송 한) 서단에서 서쪽으로 도보 11분
🏠 663 Hải Phòng, Thạch Thang, Hải Châu
📞 +84 276 3841 193
🕐 07:00~12:30, 14:00~18:30
💰 없음

통합과 존중의 종교 사원

까오다이교Đạo Cao Đài, 다오 까오 다이는 도교, 불교, 기독교, 유교, 이슬람교가 혼합된 독특한 종교이다. 까오다이는 신이 지배하는 가장 높은 곳, 천국을 뜻한다. 베트남에선 불교와 가톨릭 다음으로 많은 신자를 보유하고 있다. 까오다이교는 공평과 존중, 상생과 조화를 중요시한다.

사원 안으로 들어서면 둥글고 커다란 눈 이미지가 시선을 사로잡는다. 까오다이교의 상징물이다. 이 눈은 모든 것을 꿰뚫어 본다고 전해진다. 예수, 석가모니, 공자 같은 성인의 초상을 그려 넣은 현판도 이색적이다. 모든 종교의 가치를 통합하려는 의미를 담고 있는 듯하다.

EAT & DRINK

Paramount Restaurant
파라마운트 레스토랑

2018년 8월, 파빌리온 가든에서 가게 이름을 바꾸었다. 파라마운트의 가장 큰 장점은 유럽풍 인테리어이다. 마치 정원에 온 것처럼 파릇파릇한 식물이 가득하다. 통유리 창으로 햇살이 들어오면 분위기가 한층 밝아진다. 야외 테라스를 비롯하여 인증샷 찍을 곳이 많아 좋다. 스테이크와 파스타, 커피, 디저트 등을 판매한다.

📍 Paramount Restaurant 🚶 까오다이교 사원에서 북쪽으로 도보 6분 소요 🏠 122 Quang Trung, Thạch Thang, Hải Châu 📞 +84 97 346 26 20 🕐 07:00~22:00 💰 4만동~8만동

Spa & Nail

마사지로 피로 풀고, 네일 아트로 멋 내고
다낭의 매력 중 하나는 스파와 네일 아트이다. 가
격이 비교적 저렴하고 마사지와 네일 아트를 한
번에 할 수 있어 더욱 좋다. 다낭의 대표적인 스파
와 네일 아트숍을 소개한다. 마사지로 여독을 풀
고, 네일 아트로 한껏 멋을 내보자.

①

Golden Lotus Oriental Organic Spa
골든 로터스 오리엔탈 올가닉 스파

다낭 대성당에 가까운 프리미엄 스파

실력이 좋은 직원이 많고, 최신식 시설을 갖추고 있다. 가장 인기 있는 마사지는 '골든
로터스 전신 마사지'이다. 가성비가 뛰어나다. 다낭 대성당, 참 박물관, 한 시장에서 접
근성이 좋다. 짐 보관 서비스를 제공하기 때문에 시내 관광 일정에 넣기 좋다. 무엉탄
럭셔리 호텔에서 북서쪽으로 도보 7분 거리에 2호점이 있다.

⊙ 골든 로터스 오리엔탈 올가닉 스파 🚶 다낭 대성당과 참 박물관에서 도보 5~7분
🏠 209 Đường Trần Phú, Phước Ninh 📞 +84 236 3878 889 🕐 10:00~23:00
₫ 골든 로터스 전신 마사지 60분 40만동 ☰ http://www.gloospa.com

② Nirva Spa 니르바 스파
친절하고 만족도 높은

최근에 오픈해서 시설이 좋다. 구글과 트립어드바이저에서 높은 점수를 받은 인기 스파다. 마사지 실력도 좋다. 여기에 가게 주인이 능숙한 영어로 친절하게 응대하며 여행자의 마음을 편안하게 해주어 만족도가 높다. 마사지를 받으며 하루를 마무리하면 기분 좋게 숙면할 수 있을 것이다. 저녁 10시까지 운영한다.

◎ 니르바 스파 ⎈ 홀리데이 비치 다낭 호텔에서 서쪽으로 도보 5분 ⌂ Số 23 An Thượng 5, Bắc Mỹ Phú ☎ +84 905 847 886 ⏱ 12:00~22:00 ⓓ NIRVANA FACE 30만동(60분 기준), BODY NEED 33만동 ≡ http://nirvaspa.vn

③ Forest Massage & Nail 포레스트 마사지 & 네일
한국인 매니저가 상주한다

미케 비치 프리미어 빌리지 인근에 있다. 한국인 매니저가 상주하기 때문에 베트남어와 영어를 몰라도 이용하기에 편리하다. 스파와 네일을 함께 받을 수 있는 곳으로 여행 전에 카카오톡으로 사전 예약도 가능하다. 마사지도 괜찮지만 네일의 만족도도 높다. 난도 높은 네일 아트도 1시간 이내에 완성해 준다. 젤 아트가 가장 인기가 높다. 남성들은 발각질 제거+스크럽+케어 메뉴를 많이 이용한다.

◎ Forest Massage & Nail ⎈ 프리미어 빌리지와 바빌론 스테이크에서 도보 1~2분 ⌂ 396-398 Võ Nguyên Giáp, Bắc Mỹ An ☎ +84 236 3552 171 ⏱ 10:30~20:00 ⓓ 포레스트 아로마 120분 29$(팁4$), 젤 네일 아트 기본(케어+컬러) 20$ ≡ 예약 카카오톡 forest03

④ Lani Spa Danang 라니 스파 다낭
마사지와 네일을 한곳에서

직원들의 서비스 정신이 높아 기분 좋게 마사지를 받을 수 있다. 스파 뿐 아니라 네일 아트도 받을 수 있다. 한강 동쪽과 미케 비치에서 가까우며, 라이즈 마운트 리조트와 무엉탄 럭셔리 호텔에서 접근성이 좋다. 마사지 평균 가격 11~20불로 부담스럽지 않다. 팁을 최소 3불로 정해 놓아 얼마를 줘야 할지 고민할 필요 없다.

◎ Lani Spa ⎈ 다낭 라이즈 마운트 리조트에서 동쪽으로 도보 5분, 무엉탄 럭셔리 호텔에서 북서쪽으로 도보 8분 ⌂ 19 An Thượng 26, Bắc Mỹ Phú ☎ +84 90 587 62 74 ⏱ 09:00~23:30 ⓓ 발 마사지 60분 11$, 아로마 마사지 90분 15$

⑤ Azit Spa 아지트
네일·마사지·쇼핑까지 한 번에

한 골목의 1~5호점에서 쇼핑과 마사지, 네일, 라운지를 모두 이용할 수 있다. 5호점엔 키즈클럽이 있기에 아이 동반 가족에게 더 반가운 곳이다. 단체 룸도 있어서 단체 여행객이 이용하기 좋다. 쇼핑은 1호점과 3호점에서 가능하다. 가방, 지갑, 선글라스, 베트남 커피, 기념품 등 다양한 상품을 판매하고 있다. 카카오톡으로 예약 및 문의할 수 있다.

◎ 보물창고 아지트 스파 ⎈ 다낭 시청과 노보텔 프리미어 한강에서 도보 3~5분 ⌂ 27-18 Phan Bội Châu, Thạch Thang, Hải Châu ☎ +84 236 3616 959 ⏱ 마사지 10:00~9:30, 네일 10:00~20:30, 기념품 가게 10:00~23:00 ⓓ 아로마 바디+발 마사지 120분 30$, 손 기본(케어+컬러) 5$ ≡ 예약 카카오톡 azit84

AROUND
DA NANG

바나 힐과 다낭 근교

1500m 산정에 테마파크가 있다면 믿겠는가? 다낭엔 실제로 이런 테마파크가 있다. 세계에서 두 번째로 긴 케이블카를 타고 구름 속을 통과하면 산정 테마파크 바나 힐이 동화처럼 펼쳐진다. 높이가 67m나 되는 불상을 품은 해안 사찰 린응사, 원숭이가 산다는 몽키 마운틴, 베트남 최고 고갯길 하이반 패스, 닉 팔도와 그렉 노먼이 설계한 멋진 골프 코스도 다낭 근교에 있다.

MUST SEE

바나 힐 케이블카 타고 산속 테마파크로
린응사 베트남 최대 불상을 품은 사찰
몽키 마운틴 바다와 다낭을 그대 품 안에
하이반 패스 구름 위의 산책, 베트남 최고 고갯길

 MUST DO

인생 사진 찍기 바나 힐 골든 브릿지에서
지프 투어 군용 지프 타고 몽키 마운틴으로
골프 투어 바다를 향해 샷을 날리자

Bana Hills
바나 힐

놀라워라! 1500m 산정 테마파크

바나 힐은 케이블카를 타고 산을 몇 번 넘어 15~20분 즈음 가야 하는, 무려 고도 1,487m에 있는 테마파크다. 케이블카에서 내리면 더위가 싹 사라진다. 선선함을 넘어 서늘함까지 느낄 수 있다. 바나 힐은 프랑스 식민지 시절 휴양지로 개발되었으나 케이블카와 테마파크가 들어선 것은 1990년대이다.

바나 힐은 크게 네 구역으로 나누어져 있다. 제일 높은 곳에 사원 지구가, 그다음엔 중세 유럽 마을을 재현한 프렌치 빌리지가 있다. 그 아래엔 놀이시설이 있는 판타지 파크, 맨 아래엔 플라워가든이 있다. 인기가 많은 곳은 프렌치 빌리지와 놀이기구가 몰려 있는 판타지 파크이다. 최근 개방한 공중 다리 골든 브릿지도 핫 플레이스이다. 놀이기구를 탈 계획이라면 알파인 코스터를 추천한다. 레버를 앞뒤로 당겨 직접 조종하면서 공중 레일에서 짜릿한 스피드를 즐길 수 있다. 테마파크를 구경하고, 각종 공연과 이벤트를 구경하다 보면 시간이 쏜살같이 지나간다. 일정은 최소 반나절 이상 예상하는 것이 좋다.

📍 바나힐

🚶 시내에서 택시를 타고 서쪽으로 약 40분 이동하면 케이블카 매표소가 나온다.

🏠 Hòa Ninh, Hòa Vang(케이블카 탑승장) 📞 +84 90 576 67 77

🕐 07:30~21:15(케이블카 운영시간) 💰 성인 70만동(키 1.3m이상), 아동 55만동 (1~1.3m), 1m 미만은 무료(입장료에 케이블카, 시설 이용료 포함)

🔗 http://www.banahills.com.vn ✉ booking@banahills.com.vn

Video by SAO MEDIA

HOT PLACE PHOTO ZONE

Golden Bridge
골든 브릿지

골든 브릿지 가는 방법
매표소에서 출발할 때 호이안역에서 케이블카
탑승 후 마르세유 역에서 하차
프렌치 빌리지에서 출발할 때 루브르 역에서 케
이블카를 타고 보르도 역에서 하차

인생 사진 명소, 골든 브릿지

골든 브릿지는 2018년 6월에 공개한 바나 힐의 명물이자 다낭에서 가장 핫한 인
생 사진 명소이다. 거대한 손 두 개가 금색 다리를 떠받치고 있는 모습이 장관이
다. 케이블카 마르세유역과 보르도역 사이에 있다. 이 웅장한 다리는 길이가 무려
150m에 이른다. 마치 하늘에서 산책을 즐기는 듯한 기분을 느낄 수 있다. 사진이
잘 나오는 촬영 포인트엔 언제나 사람들로 붐빈다. 오래 기다린 당신, 이제 인생
사진을 남길 차례다. 하나둘 셋, 찰칵!

≫TRAVEL TIP
바나 힐 가는 교통편 6가지

① 택시
케이블카 매표소까지 전세 택시로 간 다음
관광 후 다시 그 택시로 돌아온다. 요금은 왕
복 6시간 기준 60만동이 평균 가격이다. 머
물 시간을 고려해서 흥정하면 된다.

② 그랩 택시
정찰제라 바가지 쓸 일은 없지만 바나 힐처
럼 장거리일 경우 택시보다 더 나올 수 있다.
이때는 잊지 말고 운전기사와 흥정을 하자.
어플 예약 시 목적지를 '바나 힐 주차장'이라
고 입력하는 것도 잊지 말자.

③ 기사 딸린 렌터카
택시나 그랩보다 비싸지만, 바나 힐과 시내
관광 일정을 함께 소화하면 비용을 절감할
수 있다. 8~10시간 렌트 비용이 기사 팁 포
함 100만~120만동이다. 미리 호텔에 의뢰
하면 된다.

④ 호텔 유료 셔틀 서비스
다낭의 리조트와 호텔 중에서 유료 셔틀을
운영하는 곳이 있다. 다른 교통수단보다 저
렴해서 좋다. 숙박객만 선착순으로 예약
받는다. 리셉션에 예약하면 된다. 가격은 15
만동 안팎이다.

⑤ 현지 여행사 투어
바나 힐과 호이안 1일 투어를 진행하는 현지
여행사가 많다. 식사, 입장료, 케이블카 포함
가격이 7시간 기준 1인 6~7만원이다. 인터
넷으로 예약할 수 있다. 주요 호텔 픽업, 드
롭 서비스를 제공한다.

⑥ 티 라운지 관광 버스
다낭 대성당 근처 티 라운지 사무실에서 하
루 1회09:30~15:00 왕복 버스를 운행한다. 1
인 20만동이다. 최소 출발 하루 전에 인터
넷https://www.t-lounge.com이나 카카오톡
다낭티라운지으로 예약하면 된다. 1달러를 내
면 라운지 짐 보관 서비스를 받을 수 있다.

≫TRAVEL TIP 바나 힐 최적 추천 코스

아침에 바나 힐로 출발하여 골든 브릿지, 판타지 파크, 프렌치 빌리지, 사원 지구 순으로 돌아보길 추천한다. 호이안–마르세유 라인을 타고 골든 브릿지를 관람한 후 보르도–루브르 라인으로 갈아타고 프렌치 빌리지와 판타지 파크까지 가면 된다. 하산할 땐 논스톱 노선인 인도차이나–똑띠엔 라인을 이용하면 된다. 이 경우 머무는 시간을 5~6시간 잡아야 한다.

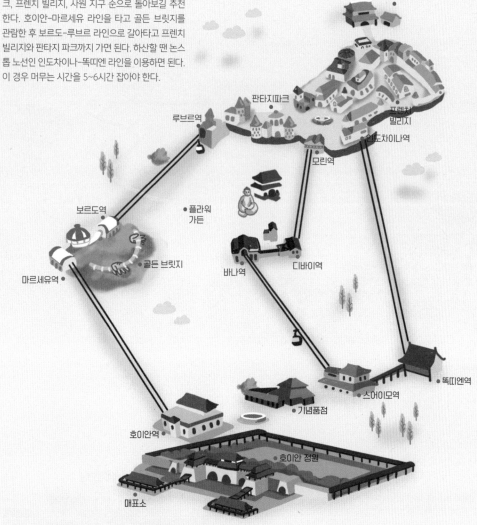

사원지구

판타지파크

루브르역

프렌치 빌리지

인도차이나역

모린역

보르도역

플라워 가든

마르세유역

골든 브릿지

바나역

디바이역

스어이모역

똑띠엔역

기념품점

호이안역

호이안 정원

매표소

≫TRAVEL TIP 바나 힐 케이블카 상세 가이드

바나 힐 케이블카는 매표소에서 출발하는 라인 3개, 경유 라인 2개 등 모두 5개이다.
각 라인의 운행 시간이 다르므로, 사전에 확인하는 게 좋다.

1 호이안–마르세유 라인

아침 7시부터 호이안역에서 골든 브릿지의 관문인 마르세유역Marseille까지 운행한다. 골든 브릿지를 가려면 이 라인을 타야 한다. 프렌치 빌리지와 판타지 파크까지 가려면 마르세유역 다음에 있는 보르도역Bordeaux에서 루브르역Louvre으로 가는 케이블카로 환승하면 된다.
호이안–마르세유 라인 시간표
07:00~12:00, 16:00~18:00
보르도–루브르 라인 시간표 07:15~20:00

2 똑띠엔–인도차이나 라인

낮 12시부터 운행한다. 세계에서 두 번째로 긴 케이블카이다. 똑띠엔역Toc Tien에서 인도차이나역L'indochine까지 길이가 무려 5.8km이다. 중세 마을 프렌치 빌리지까지 논스톱으로 운행한다. 진행 방향 오른쪽에 앉으면 똑띠엔 폭포와 발아래 절경을 감상하기 더 좋다.
운행 시간표 12:00~19:15, 20:00~20:15, 21:00~21:15, 22:00~22:15

3 스어이모–바나 라인

스어이모역Suoi Mo에서 정원 구역의 바나역 Ba Na까지 12시부터 운행한다. 프렌치 빌리지와 판타지 파크까지 가려면 바나역 다음에 있는 디바이역Debay에서 모린역Morin으로 가는 케이블카로 갈아타야 한다.
스어이모–바나 라인 시간표 12:00~16:00
디바이–모린 라인 시간표 06:50~17:30, 18:00~18:05, 18:55~19:00

📷 SPOT 02

Linh Ung Temple

린응사

📍 다낭 영흥사 🚶 선짜반도 초입. 다낭 시내에서 택시로 약 20분

🏠 Chùa Linh Ứng, Hoàng Sa, Thọ Quang

🕐 06:00~19:00 ₫ 없음

베트남 최대 불상이 있는 해안 사찰

린응사靈應寺, 영응사. Chùa Linh Ứng, 쭈어 린응는 선짜반도에 있다. 다낭 시내에서 북쪽으로 20분 정도 차량으로 이동하면 린응사에 도착한다. 청동색 2층 문이 여행객을 반긴다. 문으로 오르는 계단 양쪽엔 용이 입을 벌린 채 절을 지키고 있다. 이쯤에서 걸음을 멈추고 뒤를 돌아보자. 저 아래로 푸른 남중국 해가 시원하게 펼쳐진다. 오른쪽으로 시선을 돌리면 미케 해변과 다낭 시내가 손에 잡힐 듯 가까이 보인다.

다시 계단을 오르면 거대하고 새하얀 해수관음상이 시선을 사로잡는다. 높이가 67m로 베트남에서 가장 큰 해수관음상이다. 키는 더없이 크지만, 연꽃 위에 올라 인자한 미소를 짓고 있는 모습이 무척 아름답다. 밤에는 조명을 밝혀 더 신비롭게 보인다. 신발을 벗고 관음상 안으로 들어갈 수 있다. 관음보살은 중생을 구제하는 보살이다. 2000년에 세웠는데 그 뒤로는 다낭이 한 번도 태풍 피해를 받지 않았다고 한다. 다낭 시민들에게는 무서운 태풍으로부터 보호해주는 든든한 수호신 같은 존재이다.

Citron Restaurant
시트론 레스토랑

인터콘티넨탈 다낭 썬 페닌슐라 리조트에 있다. 시트론은 여행자들 사이에서 유명한 레스토랑이다. 베트남의 전통 모자 농라를 뒤집어 놓은 듯한 발코니의 야외 식사 부스가 특히 매력적이다. 해발 100m 언덕 위에 떠 있어 마치 공중에서 식사를 하는 기분이 든다. 아침 식사는 시리얼과 페이스트리부터 신선한 달걀과 베트남 전통 음식까지 아주 다양하다. 점심과 저녁에는 베트남 전통 음식을 손님의 기호에 맞게 준비해준다.

◎ 다낭 인터콘티넨탈 ✈ 미케 비치에서 차로 15분, 다낭 공항에서 차로 30분(택시 약 30만 동, 호텔 픽업 서비스 이용 가능) ⌂ Bai Bac, SonTra Peninsula ☎ +84 236 3938 888 ⏱ 아침 06:30~10:30, 점심 12:00~15:00, 하이 티 15:00~17:00 저녁 18:30~22:00 ₫ 점심 하노이 쌀국수 29만9천동(고기 또는 치킨 선택 가능), 그린 망고 샐러드 29만 9천동 저녁 CHEF'S CREATION 129만 9천동(세트 메뉴), 베이비 로브스터 샐러드 49만 9천동 ☰ http://www.danang.intercontinental.com/citron ✉ info@icdanang.com

---

LA MAISON 1888
라메종 1888

인터콘티넨탈 다낭 선 페니슐라 리조트에 있는 최고급 프랑스 레스토랑이다. 미슐랭 3스타 쉐프 미쉘 루Michel Roux가 운영해서 유명해졌지만, 지금은 그가 떠나고 피에르 가니에르Pierre Gagnaire가 이어받았다. CNN이 선정한 2016년 'world's best new restaurants 10' 중 한 곳이기도 하다. 약간의 예의를 갖춘 드레스 코드가 필요하다. 7살 이하의 동반 불가하며, 8살~12살 아동을 동반할 경우 가족 룸을 이용해야 한다.

◎ 인터콘티넨탈 다낭 ✈ 미케 비치에서 차로 15분, 다낭 공항에서 차로 30분(택시 약 30만동, 호텔 픽업 서비스 이용 가능) ⌂ Bai Bac, SonTra Peninsula ☎ +84 236 3938 888 ⏱ 점심 12:00~14:00, 저녁 18:30~22:00 ₫ ESPRIT PIERRE GAGNAIRE 4가지 코스 368만 8천동, CAVIAR DE DALAT 4가지 코스 399만 9천동 ☰ http://danang.intercontinental.com/la-maison-1888

📷 SPOT 03

Monkey Mountain
몽키 마운틴

지프 투어 정보
다낭 고스트 카페
예산 1대 2~3시간 기준 약 80불 내외(3인 탑승 가능)
예약 카카오톡 플러스친구(@다낭고스트)

나만 알고 싶은 비밀 전망 명소

미케 비치 북쪽으로 불쑥 튀어나온 땅이 보인다. 선짜 반도이다. 반도 중앙에 솟은 산이 몽키 마운틴이다. 높이는 600m가 넘는다. 원숭이가 산다고 해서 이런 이름을 얻었다. 산에 가면 원숭이를 찾아보자. 원숭이를 만나면 행운이 찾아온다고 한다.

몽키 마운틴 정상에 서면 다낭 시내와 미케 비치, 그리고 바다가 파노라마처럼 펼쳐진다. 그뿐이 아니다. 안개와 구름이 바람 따라 빠르게 지나가는데 마치 하늘 위에 있는 듯, 신비롭고 묘한 기분에 빠져든다. 마침 정상 옆에서 산신령 조형물이 장기를 두고 있어서 신비로움이 더해진다. 산에서 내려가다 보면 수령 800년 된 반얀트리 나무를 만날 수 있다. 영험한 기운에 마음을 빼앗겨 발길이 떨어지지 않는다. 몽키 마운틴 뒤편엔 인터콘티넨탈 리조트가, 미케 비치 쪽 산허리엔 린응사가 숨어 있다. 몽키 마운틴을 오르려면 지프를 이용해야 한다. 군용 지프 투어는 이색적이고 특별하다. 지프 투어 여정은 린응사 아래 해안도로를 따라 드라이브를 하며 마무리한다.

©Flickr_Prince Roy

©Flickr_rhjpage

Hai Van Pass

하이반 패스

📍 하이번 고개

🚶 다낭 시내에서 북쪽으로 30km. 차량으로 약 50분

>> TRAVEL TIP
하이반 고개는 택시 또는 렌터카로
택시 예상 가격은 왕복 50만동, 렌터카는 기사 팁 포함 8시간 약 100만~120만동. 렌터카는 예약하거나 호텔에 의뢰하면 된다.

구름 위의 산책, 베트남 최고 고갯길

다낭에서 후에로 가는 길목에 있다. 베트남에서 가장 높고 긴 고갯길이다. 후에로 가는 길은 두 가지다. 하나는 구불구불 하이반 고개Hải Vân Quan를 넘는 것이고, 또 하나는 하이반 터널을 지나는 것이다. 터널을 통과하면 시간을 절약할 수 있지만 하이반 고개 루트를 추천한다. 하이반은 '하늘과 구름'이라는 뜻으로, 이름에서 알 수 있듯이 하늘 가까이에서 구름 속을 산책할 수 있다. 고갯길을 오르내리며 전망하는 산과 바다, 하늘 풍경이 환상적이다.

하이반 고개는 베트남을 남과 북으로 나누는 기준이다. 정상에 오르면 훼손된 군사 시설을 볼 수 있는데 식민지 시절 프랑스 군대를 격파한 흔적이다. 지금은 관광객들이 찾는 다낭 최고의 전망 명소이다. 휴게소에서 베트남 커피를 마시며 산, 구름, 바다가 연출하는 절경을 감상해보자.

©Flickr_Anthony Yong Lee

Golf Tour 골프 투어

세계적인 골퍼가 설계한 골프 코스 3

다낭은 휴양지뿐만 아니라 골프 여행지로도 유명
하다. 닉 팔도, 몽고메리, 그렉 노먼 등 세계적인
골프 선수가 직접 디자인한 클럽 세 군데를 소개
한다. 3박 5일 이상 일정이라면 번갈아 가며 세
클럽을 모두 이용해보자.

①

Laguna Golf Lang Co
라구나 랑코 골프 클럽

◎ Laguna Golf Lang Co 🏃 공항에서 후에 방면으로 자동
차로 1시간. 택시 편도 45~50만동 🏠 Laguna Lăng Cô,
Lộc Vĩnh, Phú Lộc, Thua Thien Hue 📞 +84 234 3695
880 ① 코스 18홀, 파 71, 7,100야드 ♂ 주중 기준 약 120
불(그린피, 캐디피 포함) ☰ http://www.lagunalangco.
com ✉ golf@lagunalangco.com

닉 팔도가 디자인한 전망 좋은 골프 클럽

다낭 북쪽 하이반 고개 너머 후에로 가는 해변에 있다. 영국의 유명 골프 선수 출신
닉 팔도가 디자인한 골프장이다. 앙사나 라구나 리조트와 반얀트리 리조트에서
사륜 오토바이 버기카로 5분 남짓 걸린다. 이 두 리조트에 투숙한다면 최적의 조
건에서 라운딩을 즐길 수 있다. 코스 디자인은 물론 클럽하우스를 비롯한 부대시
설의 만족도가 높은 곳으로 유명하다. 특히 바다 전망인 15번 홀에서 남중국해를
향해 샷을 날리는 느낌이 아주 특별하다. 난도가 조금 높은 골프장이다.

②

BRG Danang Golf Resort
다낭 골프 리조트

◎ BRG Danang Golf Resort

🚶 다낭 공항에서 호이안 방면으로 자동차로 20분 ⌂ BRG
Danang Golf Resort, Hòa Hải, Ngũ Hành Sơn 📞 +84 236
3958 111 ⓘ 코스 18홀 파 71, 7,190야드 ₫ 주중 기준 약 130불
(그린피, 캐디피 포함) ☰ http://www.dananggolfclub.com
✉ info@dananggolfclub.com

그렉 노먼이 설계한 베트남 베스트 코스

다낭 남쪽 논느억 비치 근처에 있다. 호주 출신 세계적인 골프 선수 그렉 노
먼이 디자인했다. 자연의 아름다움을 살리기 위해 노력한 모습이 돋보인다.
모래밭과 해저드가 적절히 어우러져 있어서 골퍼들에게 만족도가 높은 편이
다. 2010년 오픈한 이후 세계 15대 신규 골프 코스, 베트남 최고의 골프 코스,
아시아 태평양 톱 10 골프 코스로 선정되는 등 많은 상을 받았다. 베트남이
자랑하는 골프 클럽 가운데 하나이다.

③

Montgomerie Links 몽고메리 링크스
몽고메리가 설계한 베트남 최고 코스

스코틀랜드의 유명 골프 선수 콜린 몽고메리가 디자인했
다. 다낭 골프 리조트 바로 남쪽에 있다. 2012 포브스 여행
가이드는 몽고메리 링크를 아시아의 10대 골프 코스로 선
정했다. 클럽하우스가 마치 모델하우스처럼 깔끔하며, 직
원들이 친절하기로 유명하다. 2012년 베트남 최고의 골
프 코스에 선정되었다. 자연 지형 그대로의 특징을 잘 살
렸다는 평가를 받는다. 자연경관이 뛰어나지만 아쉽게도
벙커가 많은 편이라 초보자에게는 다소 어려운 코스이다.

◎ 몽고메리 골프장

🚶 다낭 공항에서 호이안 방면으로 자동차로 20분

⌂ Montgomerie Links, Điện Ngọc, Điện Bàn

📞 +84 235 3941 942

ⓘ 코스 18홀, 파 72, 6,602야드

₫ 주중 기준 약 130불(그린피, 캐디피 포함)

☰ http://www.montgomerielinks.com

✉ info@montgomerielinks.com

AREA 02
HOI AN

당신은 오래도록 호이안을 그리워할 것이다

미국 여행 잡지 Travel and Leisure는 호이안을 세계에서 꼭 가야 할 도시 15위에, 꼭 가야 할 여행지 19위에 선정했다. 동양과 서양의 조화가 매혹적인 올드 타운, 낭만적인 해변과 리조트, 신비로운 힌두 사원 유적 미썬! 호이안을 떠나는 순간 당신은 다시 호이안을 그리워하게 될 것이다.

단언컨대, 호이안은 베트남에서 가장 매력적인 도시이다. 다낭에서 남쪽으로 30km 떨어진 호이안은, 8만 명이 사는 작은 항구 도시다. 도시를 흐르는 투본강에 모래가 쌓여 지금은 무역항 역할을 다낭에 양보했지만, 15~18세기엔 '바다의 실크로드'라고 불릴 만큼 세계인이 모이는 국제도시였다. 초기엔 일본과 중국인이, 뒤에는 프랑스, 포르투갈, 네덜란드 사람이 몰려들면서 글로벌 도시로 발전했다.

그 흔적이 올드 타운에 고스란히 남아 있다. 시간이 켜켜이 쌓인 구시가는 영화 속에 등장하는 어느 옛 도시 같다. 지은 지 수백 년 된 오렌지빛 집들이 거리마다 낭만을 풀어 놓는다. 골목은 하나같이 아름다워 저절로 카메라를 들게 만든다. 유네스코는 올드 타운의 아름다움을 오래 지키기 위해 1999년 세계문화유산으로 지정하였다.

구시가를 벗어나 동쪽으로 가면, 그곳은 푸른 바다다. 안방 비치와 끄어다이 비치, 그리고 남국의 매혹을 품은 리조트가 당신을 기다리고 있다. 반대로 내륙으로, 그러니까 서남쪽으로 40km쯤 가면 참파 왕국The Kingdom of Champa. 192~1832. 인도·중국·캄보디아와 교류하며 1600년 넘게 베트남 중남부 지방을 다스렸던 힌두 왕국의 영광을 증언하는 미썬 유적지가 있다. 올드 타운과 마찬가지로 1999년 세계문화유산에 등재되었다.

미국 여행 잡지 Travel and Leisure는 호이안을 세계에서 꼭 가야 할 도시 15위에, 꼭 가야 할 여행지 19위에 선정했다. 동양과 서양의 조화가 매혹적인 올드 타운, 낭만적인 해변과 리조트, 신비로운 힌두 사원 유적! 호이안을 떠나는 순간 당신은 다시 호이안을 그리워하게 될 것이다.

축제 호이안 등불 축제(매월 음력 14일 저녁)
홈페이지 http://vietnam.travel

다낭(30분)

◎ 포시즌
남하이 리조트
🍴 소울 키친

🍴 베이비 머스타드 바

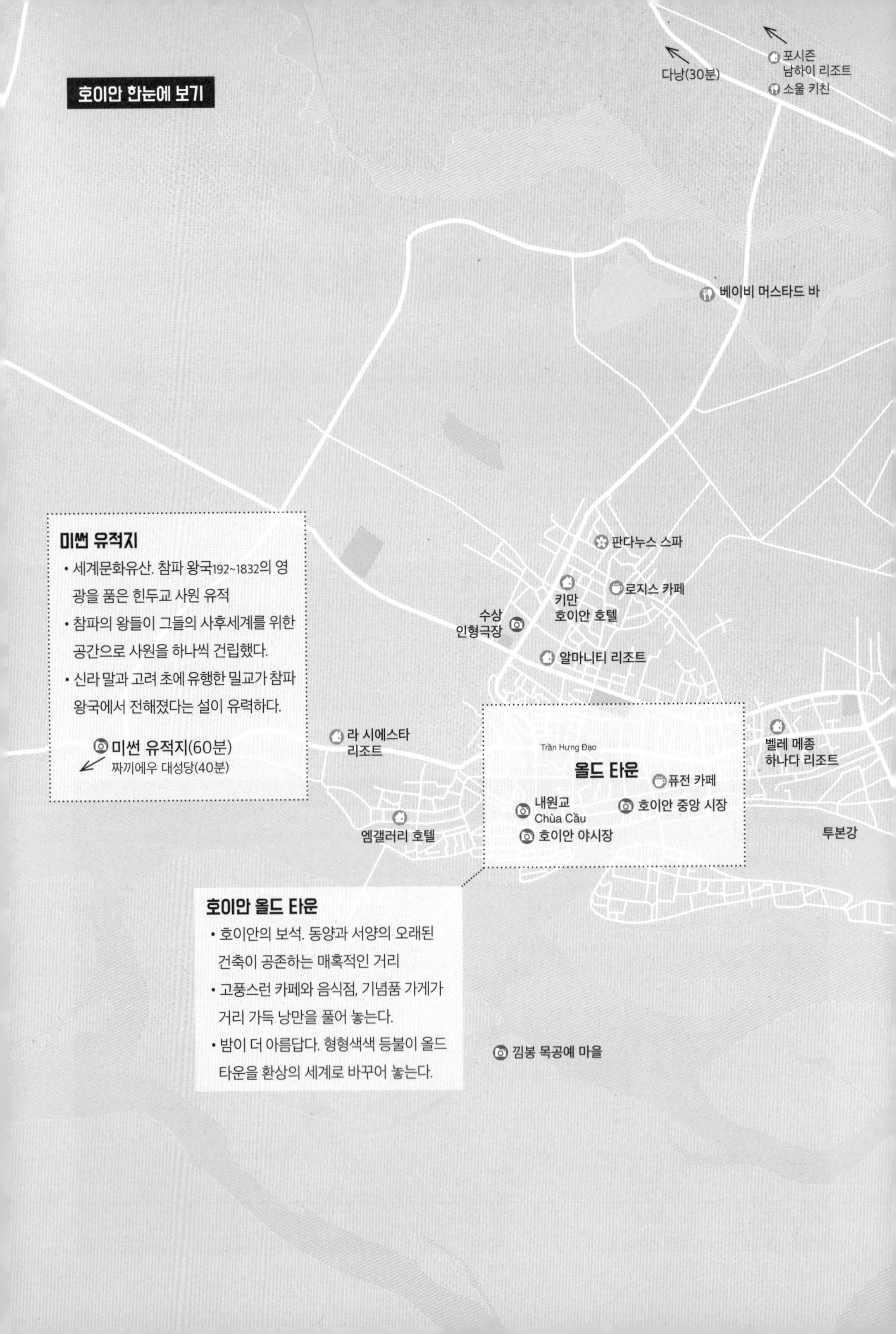

미썬 유적지

• 세계문화유산. 참파 왕국192~1832의 영
광을 품은 힌두교 사원 유적
• 참파의 왕들이 그들의 사후세계를 위한
공간으로 사원을 하나씩 건립했다.
• 신라 말과 고려 초에 유행한 밀교가 참파
왕국에서 전해졌다는 설이 유력하다.

◎ 미썬 유적지(60분)
← 짜끼에우 대성당(40분)

✿ 판다누스 스파

🍴 키만
호이안 호텔   🍴 로지스 카페

수상
인형극장 ◉

◎ 알마니티 리조트

🍴 라 시에스타
리조트

Trần Hưng Đạo

◎ 벨레 메종
하나다 리조트

올드 타운

🍴 퓨전 카페

◎ 내원교
Chùa Cầu   ◎ 호이안 중앙 시장

◎ 호이안 야시장

◎ 엠갤러리 호텔

투본강

호이안 올드 타운

• 호이안의 보석. 동양과 서양의 오래된
건축이 공존하는 매혹적인 거리
• 고풍스런 카페와 음식점, 기념품 가게가
거리 가득 낭만을 풀어 놓는다.
• 밤이 더 아름답다. 형형색색 등불이 올드
타운을 환상의 세계로 바꾸어 놓는다.

◎ 낌봉 목공예 마을

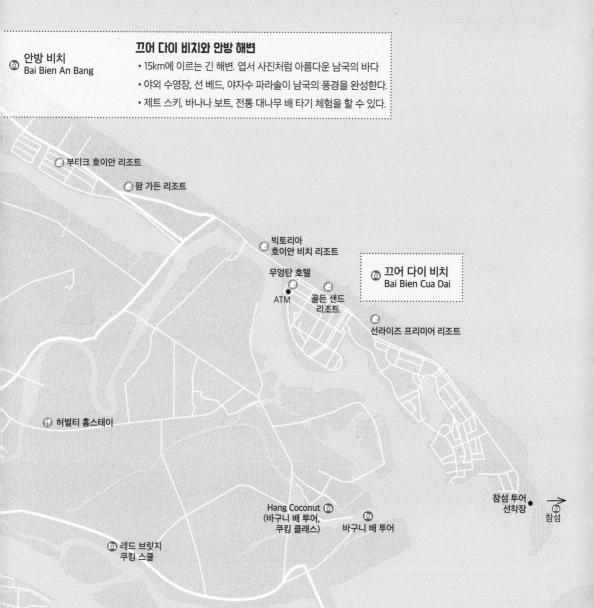

안방 비치
Bai Bien An Bang

끄어 다이 비치와 안방 해변
- 15km에 이르는 긴 해변. 엽서 사진처럼 아름다운 남국의 바다
- 야외 수영장, 선 베드, 야자수 파라솔이 남국의 풍경을 완성한다.
- 제트 스키, 바나나 보트, 전통 대나무 배 타기 체험을 할 수 있다.

부티크 호이안 리조트

팜 가든 리조트

빅토리아
호이안 비치 리조트

무엉탄 호텔

ATM

골든 샌드
리조트

끄어 다이 비치
Bai Bien Cua Dai

선라이즈 프리미어 리조트

허벌티 홈스테이

Hang Coconut
(바구니 배 투어,
쿠킹 클래스)

바구니 배 투어

참섬 투어
선착장

참섬

레드 브릿지
쿠킹 스쿨

호이안 올드 타운 여행 지도

피반미

신투어리스트
(신카페)

Hai Bà Trưng

팔마로사 스파

반미퀸

Trần Cao Vân

호이안 박물관

Trần Hưng Đạo

Trần Hưng Đạo

← 미썬 유적지(40km)

Phan Châu Trinh

Phan Châu Trinh

리조트 셔틀버스 주차장

Lê Lợi

매표소

Trần Phú

Hai Bà Trưng

바나선
택시 승강장

Nguyễn Thị Minh Khai

풍흥 고가

광동 회관
Hội Quán

호이안 로스터리
리칭아웃 티하우스

파이포
카페

관광안내소

도자기 무
박물관

콩카페
(호이안점)

메티세코

탐탐 카페

득안 고가

호이안
로스터리

내원교
Chùa Cầu

사후인
박물관

Trần Phú

하이 카페

모닝글로리

비포 앤 나우

하하아트

Nguyễn Thái Học

카고 클럽

떤끼 고가
Nhà cổ Tân Ký

화이트 마블
와인 바

Nguyễn Phúc Chu

리틀 호이안
부티크 호텔

호이안 야시장

매표소

Bạch Đằng

나룻배 투어 선착장
야오자이 대여점
(콰이 루 님 꼰탐)

빌라드 스파

La Hối

그린 헤븐 리조트

Nguyễn Phúc Chu

나항 비 꾸에

Vy's Market
쿠킹스쿨

Nguyễn Hoàng

투본 강

호이안 병원
Trần Hưng Đạo

끄어다이 비치

반미프엉
Phan Châu Trinh

Hoàng Diệu

미스리
관공묘   해남 회관   퓨전 카페
Chùa Ông   Nguyễn Duy Hiệu
푸젠 회관
Hội Quán
Nguyen Hue
매표소
Trần Phú
환전소   아난타라 호이안
                                                  리조트
yễn Thái Học   호이안 옷 시장

Tiểu La

호이안 중앙 시장   Phan Bội Châu
Chợ Hội An

Tran Quy Cap

박물관
Bạch Đằng

착장   Hoàng Diệu

HOI AN
OLD TOWN
호이안 올드 타운

낮보다 밤이 더 아름답다

호이안 구시가의 동서 길이는 1km 남짓이다. 내원교부터 호이안 재래시장, 그
리고 강 건너 야시장까지 하루면 다 돌아볼 수 있다. 골목마다 명소·시장·맛집·
카페가 있어서 여행과 미식 투어를 여유롭게 즐기기 좋다. 어둠이 내리면 형
형색색 등불이 켜진다. 이윽고 구시가는 환상의 세계로 변한다.

TRAVEL TIP
올드 타운. 이렇게 여행하자

① 여행 일정은 1박 2일로
일반적으로 다낭에 숙소를 잡고 야경까지 감상하는 당일치기 여행을 한다. 하지만 야경과 해변까지 여유롭게 즐길 거라면 1박 2일을 추천한다.

② 여행의 시작은 서쪽 매표소에서
올드 타운 여행은 구시가지 서쪽 매표소에서 시작하자. 동쪽으로 이동하며 풍흥 고가, 내원교, 광동 회관, 떤끼 고가, 푸젠 회관, 관운장 사원, 호이안 시장 순으로 산책하듯 둘러보자.

③ 도보 여행과 야간 시클로 투어를 추천한다
올드 타운의 매력을 속속들이 감각하기엔 도보 여행이 제일 좋다. 호이안은 낮보다 밤이 더 아름답다. 형형색색 등불이 연출하는 풍경이 더없이 매혹적이다. 씨클로 투어를 하며 호이안의 야경을 만끽하자.

④ 멋진 카페에서 여행을 음미하자
고풍스러운 카페와 음식점이 발길을 잡는다. 투본강 인근 카페에서 여유롭게 커피를 마시며 인생 사진을 남기자. 과일 주스도 좋지만 부드럽고 달콤한 베트남식 커피 '카페 쓰어다'도 기억하자.

⑤ 나룻배 투어와 소원등 띄우기
투본강 나룻배 투어도 기억해두자. 날이 더운 낮보다는 일몰 무렵을 추천한다. 어둠이 내리면 배 위에서 멋진 야경을 감상할 수 있다. 그리고 나룻배에선 소원등을 띄우자.

⑥ 여행 마무리는 마사지와 스파숍으로
노천 발 마사지, 마사지 가게, 호텔 스파. 호이안에서 피로를 푸는 방법은 다양하다. 원하는 프로그램을 선택하여 호이안 여행의 화룡점정을 찍자.

⑦ 쿠킹 클래스에 참여하자
올드 타운에선 베트남 음식 만들기 체험을 할 수 있다. 프로그램은 대부분 2~4시간 동안 진행한다. 만든 음식을 직접 먹을 수도 있어서 일거양득이다.

>> ONE MORE
올드 타운 통합권 구매하기
올드 타운의 주요 명소를 구경하려면 통합 티켓을 구매해야 한다. 통합 입장권을 구매하면 고건축, 사원, 회관, 박물관 등 명소 5곳을 관람할 수 있다. 마음에 드는 곳 다섯 군데를 먼저 고른 다음 구경하는 게 효과적이다. 입장권 검사를 하지 않는 곳은 무료로 구경할 수 있다. 이렇게 하다 보면 명소 대부분을 관람할 수 있다. 매표소는 구시가지 서쪽셔틀버스 주차장 부근 중앙, 동쪽, 남쪽에 있다.

① 통합권 가격 1인 기준 12만동
② 통합권 주요 사용처 내원교, 풍흥 고가, 떤끼 고가, 득안 고가, 도자기 무역 박물관, 호이안 박물관, 민속 문화 박물관, 광동 회관, 푸젠 회관, 관운장 사원
③ 추천 사용처 내원교, 떤끼 고가, 민속 문화 박물관, 광동 회관, 푸젠 회관, 관운장 사원
④ 홈페이지 http://hoianworldheritage.org.vn

Ao Dai

실루엣의 미학, 아오자이 입고 올드 타운 산책하기

부드럽고 가냘프고 아름다운 의상. 하지만 모든 여성이 입을 수는 없는 옷.
아오자이는 그래서 더 입고 싶고, 그래서 더 갖고 싶다. 바람결 같은 아오자이를 입고 올드 타운을
산책하자. 아오자이 구매 방법, 가격 등을 자세히 소개한다. 찰칵! 인생 사진 찍는 것도 잊지 말자.

아오자이, 살까? 빌릴까?

맞춤, 기성복, 대여. 아오자이를 구하는 방법은 세 가지다. 맞춤은 나만의 옷을 얻는 가장 좋은 방법이다. 세 가지 방법 중에서 비용이 제일 많이 들지만 나에게 잘 어울리는 원단, 사이즈, 색감, 스타일을 선택할 수 있어 좋다. 원단과 색상을 선택하고 디자인을 정하고 신체 치수를 재는 등 맞춤 과정 자체가 특별한 체험이 된다. 제작 시간은 빠르면 3~4시간, 길면 하루가 걸린다.

기성복은 말 그대로 이미 만들어진 아오자이를 사는 것이다. 규격은 S, M, L 세 가지로 나온다. 맞춤보다 가격이 저렴하고 그 자리에서 입어보고 마음에 맞는 옷을 금방 살 수 있어서 좋다. 대여는 가격이 기성복보다 더 저렴하다. 4시간 또는 12시간 단위로 빌리는데, 다낭에서 대여해도 된다. 비용은 20만동 안팎이다. 대여할 때는 보증금을 따로 냈다가 반납할 때 돌려받는다. 보증금 비용은 대여비와 비슷하다.

어디서 사고, 어디서 맞출까?

기성복은 다낭의 한 시장 2층, 호이안에서는 호이안 옷 시장에서 사는 게 제일 저렴하다. 단색이고 장식이 단순한 아오자이는 40~50만동이면 충분하다. 원단과 패턴이 좋고, 레이스 등 장식이 들어간 옷은 60~100만동이다.

맞춤 아오자이는 한 시장, 호이안 옷 시장, 그리고 테일러Tailor Shop라고 부르는 양복점에서 맞출 수 있다. 시장에서는 보통 50~60만동부터 시작된다. 양복점은 소재와 디자인, 장식이 시장 맞춤옷보다 좋지만, 가격이 그만큼 올라간다. 100만~200만동 예상해야 한다. 기성복이든, 맞춤이든 흥정은 기본이다. 일행과 같이 사면 가격을 더 낮출 수 있다.

다낭 한 시장 ◉ 한 시장
🚶 다낭 대성당과 브릴리언트 호텔에서 북쪽으로 3~4분 분
호이안 옷시장 ◉ Hoi An Cloth Market
🚶 호이안 시장에서 동쪽으로 3분. 해남회관 남쪽 건너편

호이안의 아오자이 양복점들 Be Be Tailor, A Dong Silk, Kimmy Tailor, Remy Tailor Hoi An
호이안의 아오자이 대여점 Quay luu niem con tam(꽈이 루 님 꼰 탐)

TRAVEL TIP
아오자이 인생샷 명소

내원교 옆

내원교 옆 강가에서 내원교를 배경으로 찍으면 좋다. 강물, 기와집 다리, 그리고 당신. 멋지지 않은가?

떤끼 고가와 득안 고가

두 고가의 실내는 어두운 편이다. 가능하면 햇빛이 비치는 벽, 입구를 배경으로 활용하자.

탐탐 카페 앞

올드 타운에서 등이 가장 아름다운 거리이다. 햇빛이 강하지 않은 이른 오전, 또는 늦은 오후에 찍은 게 좋다.

호텔의 정원과 카페

머무는 호텔이나 리조트의 정원, 카페도 촬영 명소로 활용하자. 농까지 들거나 쓰고 있다면 멋진 촬영 소품이 될 것이다.

투본 강변 노란 벽

올드 타운의 유명한 촬영 명소이다. 떤끼 고가 후문 앞 박당 거리 Bach Dang Street에 있다. 사진은 햇빛이 강하지 않은 이른 오전, 또는 늦은 오후에 잘 나온다.

Faifo Coffee 루프톱

올드 타운 중심 거리인 Tran Phu Street에 있다. 빈티지 인테리어와 루프톱 뷰 덕에 인생샷 명소가 되었다. 파이포 카페가 아니더라도 야외 카페나 실내가 밝은 카페라면 멋진 사진을 얻을 수 있다.

Japanese Covered Bridge

내원교

📍 내원교
🚶 서쪽 매표소에서 도보 2분
🏠 Nguyễn Thị Minh Khai, Phường Minh An, Hội An
💲 사원 내부 관람 시 통합 입장권 제시
🔗 http://hoianworldheritage.org.vn

베트남 지폐에 나오는 지붕 다리

내원교는 일본인들이 올드 타운에 남겨놓은 가장 뚜렷한 흔적이다. 구시가의 랜드마크로 베트남 화폐 2만동짜리에 새겨질 만큼 유명하다. 1593년 투본강 지류에 건설한 목조 다리로 일본교라고 불리기도 한다. 교각 위에 목교를 만든 다음 장식적인 기와지붕을 얹은 구조가 독특하다. 일본인이 거주하는 서쪽 지역과 동쪽에 있는 중국인 거주지를 이어주는 역할을 했다. 내원교來遠橋, Chua Cau Hoi An는 '먼 데서 돌아오는 다리'라는 뜻이다. 해양 무역을 하는 당시 상인들의 무사 귀환을 염원하는 뜻이 다리 이름에 담겨있음을 알 수 있다.

내원교에 가면, 잊지 말고 원숭이와 개 조각상을 찾아보자. 일설에 의하면, 원숭이 해에 다리를 짓기 시작하여 개의 해에 완공하였는데, 이를 기념하기 위해 두 동물 형상을 만들었다고 한다. 다리 중간엔 작은 도교 사원이 있다. 바다와 바람의 신에게 제사를 올리던 곳이다. 따로 입장료를 받지 않지만, 사원을 보려면 통합 입장권을 보여줘야 한다.

≫TRAVEL TIP
옆 모습과 야경이 더 멋진 인생 사진 명소

내원교는 옆에서 바라보면 더 아름답다. 근처에 있는 또 다른 다리로 가 옆 모습을 눈에 담아보자. 이곳은 웨딩 촬영과 인생 사진 명소이다. 내원교는 낮에도 멋지지만, 조명을 밝힌 밤 풍경이 특히 아름답고 낭만적이다. 시간이 허락한다면 씨클로를 타고 올드 타운 밤 산책을 즐겨보자. 잊지 못할 순간으로 오래 남게 될 것이다.

Hoi An Roastery
호이안 로스터리

◉ 호이안 로스터리
🚶 내원교에서 동쪽으로 도보 2~3분
🏠 135 Trần Phú, Phường Minh An
📞 +84 235 3927 772
🕐 07:00~22:00
💲 카페 쓰어다 5만5천동, 에그 커피 5만9천동

올드 타운에서 가장 유명한 카페 가운데 하나이다. 영업점이 올드타운에만 여러 군데 있다. 베트남 전통 드립 방식으로 추출한 커피를 마실 수 있어 더욱 좋다. 호이안에 왔으니 베트남 커피를 마셔보자. 카페 쓰어다와 에그 커피를 추천한다. 카페 쓰어다는 커피를 진하게 내려 연유와 얼음을 넣은 커피이고, 에그 커피는 달걀노른자와 설탕이 조화를 이루는 베트남 북부지방 커피이다. 여기에 코코아 가루를 뿌려 달콤함을 더해준다. 원두와 베트남 드리퍼인 커피 핀도 살 수 있다.

Cantonese Assembly Hall

광둥 회관

📍 광둥 회관
🚶 내원교에서 도보 1분
🏠 176 Trần Phú, tp.
💲 사원 내부 관람 시 통합 입장권 제시
🕐 07:00~18:00

관우를 모시는 사원이자 공회당

회관은 중국 상인들이 회합 장소이자 제사를 지내는 사당으로 사용한 건물이다. 구시가엔 광둥, 푸젠, 하이난 등 크고 작은 회관 다섯 개가 있는데 이 중에서 광둥 회관Hoi Quan Quang Dong과 복건 회관이 문화적 가치가 높다.

광둥 회관은 광둥성 출신 거주민들이 모임 장소와 사당으로 사용하기 위해 1885년에 지었다. 붉은색 출입문부터 중국 분위기가 물씬 풍긴다. 마당에서 화려한 용 조형물이 여행자를 반겨준다. 중국 사람들 용 참 좋아한다. 광둥 회관엔 우리에게 친숙한 삼국지의 관운장 사원이 있다. 건물 벽에 있는 유비, 관우, 장비의 도원결의 그림이 인상적이다.

Morning Glory
모닝글로리

📍 모닝글로리 호이안 🚶 떤끼 고가에서 도보 1분 이내
🏠 106 Nguyễn Thái Học, Phường Minh An
📞 +84 235 2241 555 🕐 10:00~23:00
🍴 까오러우 6만5천동, 미꽝 with 씨푸드 7만5천동, 완탄 9만5천동 🌐 http://msvy-tastevietnam.com

올드 타운의 중심 Nguyễn Thái Học 거리에 있다. 콜로니얼 양식과 베트남 양식이 융합된 고택을 개조한 퓨전 레스토랑이다. 우리나라 여행객에게 꽤 알려진 맛집이다. 여행자 입맛에 맞춘 베트남 음식을 제공하지만, 고수 혹은 향신료 때문에 반응이 엇갈린다. 치킨 민트 샐러드와 화이트로즈, 크리스피 팬케이크의 인기가 많다. 음식 맛은 대체로 나쁘진 않으나 비싼 게 흠이다. 맞은 편에는 2호점이 있다.

©Flickr_Kars Alfrink

Reaching Out Tea Hous
리칭 아웃 티하우스

호이안의 보석 같은 카페이다. 종업원이 모두 청각장애인이다. 하지만 주문을 걱정할 필요는 없다. 테이블마다 종이와 펜, 메뉴가 적힌 나무 블록이 있어서 이것을 사용하면 된다. 앞마당에도 테이블이 있는데 더없이 고즈넉하다. 떤끼 고가 옆엔 수공예품을 파는 Reaching Out Arts & Crafts 상점이 있다.

📍 리칭 아웃 티하우스 🚶 내원교에서 동쪽으로 도보 2분
🏠 131 Trần Phú, Sơn Phong, tp. 📞 +84 90 521 65 53
🕐 월~금 08:30~21:00, 토~일 10:00~20:00 ☕ 커피 테스팅 메뉴(3종류 커피) 13만5천동, 굿데이 아라비카 커피 5만7천동
🌐 http://reachingoutvietnam.com

HA HA Art in Everything 하하 아트

내원교를 건너 올드 타운 중심으로 들어서면 예쁜 그림이 걸려있는 가게가 보인다. 기념품 가게이다. 작가이자 가게 주인인 Hà Dương이 그린 작품, 그림이 새겨진 컵, 공책, 책갈피, 마그넷, 스티커, 엽서 등 다양한 기념품을 판매하고 있다. 베트남의 풍경과 인물을 잘 표현해 구경하다 보면 하나쯤 사고 싶어진다. 액자 파손이 걱정된다면 그림만 사거나 그림이 그려진 기념품을 사는 것도 방법이다.

📍 HA HA Art in Everything 🚶 내원교에서 동쪽으로 도보 1분 이내
🏠 155 Trần Phú, Phường Minh An, Hội An 📞 +84 976 542 113 🕐 08:30~22:00

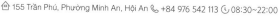

Old House of Tan Ky 떤끼 고가

📍 떤끼 고택 🚶 내원교에서 동쪽으로 도보 3분

🏠 101 Nguyễn Thái Học, Phường Minh An 📞 +84 235 3861 474

🕐 08:30~17:45 💰 통합 티켓 이용

250년 된 주상복합 가옥

고가는 15~19세기 무역 번영기에 상인들이 거주했던 가옥이다. 대부분 상점으로 바뀌거나 사라졌지만 몇몇은 지금도 후손이 살고 있어 예전 생활상을 살펴볼 수 있다. 현존하는 고가는 떤끼Nhà Cổ Tấn Ký, 풍흥, 득안, 콴탕 등 네 곳이다. 베트남 문화재청이 1급 문화재로 지정한 떤끼 고가가 가장 유명하다.

250년 된 떤끼 고가는 상점과 살림집을 겸하는 주상복합 2층 목조 건물이다. 중국과 베트남 건축 양식이 융합되어 분위기가 독특하다. 2층엔 떤끼 가문의 7대손이 지금도 살고 있다. 구조는 직사각형 형태이다. 앞문·본채 중정과 부엌, 후실과 후문이 차례로 배치되어 있다. 앞문부터 후문까지는 긴 복도가 일직선으로 이어져 있다. 복도는 좁고 길다. 이와 같은 구조는 집안에 바람의 길을 내고 햇볕을 최대한 차단하여 덥고 습한 아열대 기후를 극복하기 위해 고안되었다. 습기와 벌레로부터 집을 보호하기 위해 기둥에 옻으로 칠을 했다. 떤끼 고가는 베트남 기후를 반영하여 지은 '바람의 집'이다. 떤끼 고가에 관한 자세한 이야기를 듣고 싶다면 고가 내부에 있는 현지 가이드의 안내를 받자.

©Flickr_Chris Sammis

📷 **ONE MORE**

Duc An House 득안 고가

내원교에서 동쪽으로 2분, 떤끼 고가에서 북쪽으로 2분 거리에 득안 고가가 있다. 올드 타운의 중심가인 Trần Phú 거리에 있어서 찾기 쉽다. 득안 고가는 1850년에 지은 주상복합 주택이다. 1층은 서점, 약국으로 주로 쓰였으며, 2층은 살림집이다. 1층 안뜰, 응접실 등을 관람할 수 있다. 2층은 출입할 수 없다.

📍 duc an house

🚶 내원교에서 동쪽으로 도보 2분

📍 129 Trần Phú, Phường Minh An

🕐 08:00~21:00

💰 통합 티켓 이용

©Flickr_Chris Sammis

Tam Tam Cafe 탐탐 카페

 Tam Tam Cafe
🏃 떤끼 고가에서 도보 1분 이내
🏠 110 Nguyễn Thái Học, Phường Minh An
📞 +84 235 3862 212 🕐 08:00~24:00
🍴 카페 쓰어다 4만동, 망고 주스 5만동

가게 앞에 내 건 등불이 인상적인 카페다. 저녁에는 형형색색 불을 밝혀 분위기가 더 낭만적이다. 1층엔 포켓볼을 즐길 수 있는 공간이 있다. 야외 테라스의 인기가 높다. 낭만적인 분위기 덕에 한국 여행자에게 인기가 높다. 커피와 음료, 디저트는 물론 반쎄오, 쌀국수 같은 간단한 식사도 할 수 있다.

Hai Cafe 하이 카페

 hai cafe
🏃 떤끼 고가에서 북쪽으로 도보 2분, 내원교에서 동쪽으로 도보 2분
🏠 111 Trần Phú, Phường Minh An, Hội An
📞 +84 235 3863 210 🕐 07:00~22:30
🍴 쌀국수 9만동 내외, 치킨 샐러드 10만동, 피자 15만동 내외, 세트 메뉴 1인 35만동

식당 입구 세움 간판에서 대략적인 메뉴를 확인할 수 있다. 쌀국수, 화이트로즈, 스프링롤, 피자, 샐러드 등 다양한 음식을 먹을 수 있다. 한국어 메뉴판이 있어서 주문하기 편리하다. 식당 분위기가 좋다. 손님 대부분이 서양사람이다. 맥주 한 잔 즐기며 느긋하게 식사를 하는 서양인들 모습이 인상적이다. 넓은 마당에 테이블이 가득하다. 마당 한편에서 그릴 요리를 구워준다. 실내에도 테이블이 있다. 가격은 합리적이거나 조금 비싼 편이다. 하이 카페는 쿠킹 클래스도 운영한다.

Ferryboat Tour

투본강 나룻배 투어

🚶 떤끼 고가 후문 투본 강변 ♪ 나룻배 1~2인 10만동, 2~3인 20만동 소원등 1개 1만동, 5개 3만동(요금은 참고용. 흥정에 따라 달라질 수 있음)

올드 타운 도보 여행도 즐겁지만 조금 더 색다르게 기분을 내고 싶다면 나룻배 투어를 하자. 나룻배 투어를 하면 소원등 띄우기도 더불어 할 수 있다. 나룻배를 타며 구시가도 구경하고, 강물에 종이로 만든 등을 띄우며 소원도 빌 수 있으니 일거양득이다. 나룻배는 밤에 타는 게 좋다. 낮에는 너무 더워 지치기 십상이다. 가장 좋은 시간대는 해가 지기 직전이다. 나룻배는 약 20분 동안 운행하는데 이때 탑승하면 일몰과 호이안 야경을 둘 다 감상할 수 있다. 날이 어두워지므로 소원등 띄우기도 이때가 좋다. 소원등은 배에서 살 수 있다.

나룻배는 어디서, 얼마에 탈까?

강변을 산책하다 보면 곳곳에서 할머니 사공들이 호객행위를 한다. 부르는 값도 제각각이다. 바가지를 쓰지 않으려면 흥정이 필수다. 이때 사공이 부르는 값이 1인 기준인지, 나룻배 기준인지 꼭 확인해야 한다. 원하는 가격에 해당하는 지폐를 보여주며 흥정하면 뒤탈이 없다. 나룻배 탑승 요금은 1~2인 10만동, 2~3인 20만동이 합리적인 가격이다. 투본강을 건너는 다리 근처는 호객이 심하고 가격이 더 비싼 편이다. 떤끼 고가 후문 근처가 가격이 더 저렴한 편이다.

Floating Lantern 소원등 띄우기

호이안은 낮보다 밤이 더 아름답다. 야경 산책 후엔 소원등을 띄우며 여행을 마무리하자. 올드 타운엔 소원등을 파는 상인이 제법 많다. 바가지가 심하므로 물건을 살 땐 흥정이 필수다. 50% 깎고 흥정을 시작하는 게 합리적인 방법이다. 그들도 할인을 전제로 가격을 부르므로 크게 미안해할 필요는 없다. 소원등 1개를 1만동에 산다면 만족할 만한 가격이다. 소원등 띄우기엔 밤이 더 좋다. 당신의 소원은 무엇인가? 이제, 투본강에 등불을 띄우자.

🚶 투본 강변 ♪ 1개 약 1만동, 5개 약 3만동

Cargo Club Cafe & Restaurant Garden
카고 클럽 카페 & 레스토랑

📍 카고 클럽 🚶 딴끼 고가에서 서쪽으로 도보 1분
🏠 107-109 Nguyễn Thái Học, tp.
📞 +84 97 766 88 95 🕐 08:00~23:00
💰 파스타 16~21만동, 샐러드 9~11만동, 까오러우 7만5천동

투본 강변에 있는 카페 겸 레스토랑이다. 내원교에서 딴끼 고가로 가는 길에 있다. 1층은 카페, 2층은 테라스가 있는 레스토랑이다. 서양인에게 특히 인기가 많다. 케이크와 파니니, 브라우니, 초콜릿 크루아상 등 베이커리가 다양해 여행자의 발길이 끊이지 않는다. 일부 메뉴는 테이크아웃이 가능하고 인근 호텔로 배달도 해준다. 2층 테라스에선 투본강이 훤히 내려다보인다. 전망이 좋아 인기가 많다. 단점은 조금 덥고 날벌레가 있다는 것이다. 메뉴는 스테이크, 피자, 파스타 등 다양하다.

White Marble Wine Bar & Restaurant
화이트 마블 와인 바

베트남 여행하면 쌀국수와 분짜, 커피, 사이공 비어 등을 먼저 떠올린다. 와인은 어울리지 않을 것 같지만 사실 베트남은 와인도 유명하다. 올드 타운 분위기에 와인 한잔을 빼놓을 수 없다. 투본강 인근에 자리 잡은 화이트 마블 와인 바는 레스토랑을 겸하고 있다. 와인 종류가 많고, 운치가 넘쳐 여행자들의 발길이 이어진다. 1층 야외 좌석은 밤이 아름다운 올드 타운을 즐기기에 최적의 공간이다.

📍 White Marble Wine Bar 🚶 딴끼 고가에서 도보 1분
🏠 98 Lê Lợi Street 📞 +84 235 3911 862
🕐 11:00~23:00 💰 와인 13~19만동

Before and Now 비포 앤 나우

2층 구조로 된 팝이자 레스토랑이다. 낮에는 식사하는 여행자가 많은 편이며, 메뉴로는 베트남 현지식과 서양식 디저트가 주를 이루고 있다. 칵테일 종류도 많다. 한국어 메뉴판을 준비해놓았다. 1층에서 포켓볼을 칠 수 있다. 체스, 젠가, 카드 등 게임을 즐길 수 있는 공간도 있다. 에어컨은 2층에만 있다. 바로 근처에 호이안 로스터리 중앙점이 있다.

📍 Before and Now 🚶 딴끼 고가에서 도보 2분
🏠 51 Lê Lợi, Phường Minh An 📞 +84 235 3910 599
🕐 08:30~23:30 💰 모히토 10만동, 햄 치즈 파니니 9만동
🔗 beforeandnow.net

Museum & Performance

호이안 민속 박물관과 도자기 무역 박물관

올드 타운을 거닐다 보면 지난 역사에 대해 이해를 돕는 박물관을 만날 수 있다. 호이안 민속 박물관Bao Tang Van Hoa Dan Gian과 도자기 무역 박물관Bao Tang Gom Su Mau Dich이 대표적이다. 호이안 민속 박물관은 예전 호이안 사람들의 전통 생활상을 이해하는 데 도움을 준다. 갖가지 생활 도구를 전시하고 있다. 도자기 무역 박물관에서는 침몰했던 배를 축소한 전시물을 비롯해 일본, 중국, 베트남의 도자기 등 약 268여 점을 관람할 수 있다.

이 밖에 보석 박물관Bao Tang GAM과 기원전 2세기부터 이곳에 무역 기반을 두었던 사후인 문명기원전 1000년에서 기원후 200년 사이에 베트남 중남부에서 발달했던 문명을 알 수 있는 사후인 박물관Bao Tang Van Hoa Sa Huynh도 있다. 또 공연장이 몇 곳 있는데 추천할만한 정도는 아니다. 굳이 꼽자면 호이안 수상 인형 극장을 추천한다.

호이안 민속 박물관
◎ 민속 문화 박물관 🚶 내원교에서 투본 강변 따라 동쪽으로 도보 6분 🏠 33 Nguyễn Thái Học, Minh An, tp. Hội An 🎫 통합 티켓 이용

도자기 무역 박물관
◎ 도자기 무역 박물관 🚶 내원교에서 동쪽으로 도보 5분 🏠 80 Trần Phú, tp. Hội An 🎫 통합 티켓 이용

호이안 수상 인형 극장
◎ nha hat hoi an 🚶 내원교에서 북쪽으로 도보 10분 🏠 548 Hai Bà Trưng, Cẩm Châu, tp. Hội An 🎫 성인 기준 10만동

📷 **ONE MORE**

Phuc Kien Hoi Quan 푸젠 회관

1757년 중국 푸젠성 출신 상인들의 회합 장소로 건설되었다. 호이안의 여러 회관 중에서 가장 크고 화려하다. 정원과 회관 내외부의 조형물에서 중국 분위기가 물씬 묻어나온다. 안전한 해상 무역을 위해 바다의 여신인 티엔허우Thien Hau를 모셨던 제단이 있는데, 푸젠회관에서 가장 돋보이는 곳이다.
◎ 푸젠 회관
🚶 내원교에서 동쪽으로 도보 6분
🏠 46 Trần Phú, Minh An 🎫 통합 티켓 이용

Rosie's cafe 로지스 카페

◎ Rosie's cafe
🚶 내원교에서 북쪽으로 도보 18분. 키만 호이안 호텔 근처
🏠 02 Duong Mac Dinh Chi
📞 +84 774 599 545
🕐 월~목 09:00~17:00 토 08:00~15:00 일요일 휴무
₫ 7만동

내원교 인근 풍흥 고가 근처 좁은 골목에 있었으나 얼마 전 올드 타운 북쪽 도보 20분 거리인 키만 호이안 호텔 근처로 이사했다. 조용한 카페를 찾는 사람에게 제격이다. 토스트를 비롯한 브런치와 커피, 티, 주스를 즐길 수 있다. 맛도 맛이지만 그 전에 음식이 시각적으로 미각을 자극한다. 자신 있게 내세우는 음식으로는 아보카도 토스트와 연어 토스트, 그리고 콜드 브루 커피Cold brew coffee이다. Acai berries smoothie bowl, Granola bowl의 만족도도 높다. 늦은 오후까지만 운영하고, 일요일에는 문을 열지 않는다.

Metiseko 메티세코

◎ 메티세코 호이안
🚶 내원교에서 호이안 시장 방향으로 도보 2분
🏠 142 Trần Phú, Phường Minh An
📞 +84 235 3929 278
🕐 08:30~19:30
☰ http://metiseko.com

메티세코는 하노이와 호찌민, 호이안까지 세 도시에 지점을 둔 고급 의류 브랜드다. 호이안에는 Metiseko natural silk와 Metiseko organic cotton이 옆으로 붙어 있다. 베트남 하면 낮은 물가를 떠올리겠지만 이곳은 그렇게 저렴한 곳이 아니다. 하지만 실망하기는 이르다. 어떤 가게에서도 볼 수 없는 품질 좋은 상품을 만날 수 있는 까닭이다. 의류, 잡화, 침구류……. 게다가 모든 제품이 오가닉 코튼, 천연 실크로 만들었다. 소재를 잘 모르는 이라도 스카프 하나만 만져봐도 수준을 느낄 수 있다. 디자인은 심플한 편이다. 베트남 여행 기념으로 사도 좋고, 지인에게 선물해도 좋을 상품이다.

Hoi An Market 호이안 중앙 시장

📍 호이안 중앙 시장 🏃 푸젠 회관에서 도보 1분
🏠 Trần Quý Cáp tp. Hội An

내원교에서 동쪽으로 도보 7~8분, 푸젠 회관에서 1분 거리에 있다. 겉모습은 오래된 창고 건물 같다. 지붕엔 평 기와를 얹었고 벽은 노란색이다. 호이안 중앙 시장Chợ Hội An은 올드 타운 거주민들의 생활상과 호이안의 내면 풍경을 가장 진실하게 체험할 수 있는 곳이다. 시장 밖엔 원뿔형 베트남 전통 모자를 쓴 아녀자들이 행상을 차려놓고 손님을 기다린다. 시장 안으로 들어서면 과일가게가 먼저 눈에 띈다. 파파야, 바나나, 용과, 망고 같은 먹음직스러운 열대 과일이 가득하다. 음식을 파는 작은 가게도 늘어서 있다. 향신료를 파는 가게도 보인다.

갈증이 난다면 과일을 사서 아주머니에게 다듬어 달라고 하자. 껍질을 벗기고 먹기 좋게 잘라 일회용 용기에 담아준다. 외국인에게 바가지를 씌울 수 있으니 흥정하는 것을 잊지 말자. 남국의 재래시장에서 물건을 사는 경험은 꽤 색달라서 오래 기억에 남을 것이다. 호이안 중앙 시장에서 조금 더 가면 호이안 옷 시장이다. 아오자이를 맞추거나 사려면 이곳으로 가면 된다.

망고스틴
Mangosteen

Quan Cong Temple 관우 사원(관공 묘)

호이안 올드 타운엔 사당과 사원이 많다. 회관과 느낌이 비슷하지만, 규모는 다소 작다. 하지만 관운장 사원Quan Công Miếu을 제외하면 특별한 볼거리가 있는 것은 아니다. 관운장 사원은 삼국지의 관우를 모시는 사원으로 광동 회관의 관우 사원과 비슷하나 조금 더 디테일하다. 관운장의 아들인 '관평'과 관우의 오른팔 '주창'의 동상이 관운장을 보좌하고 있다. 실제 크기에 버금가는 위협적인 청룡언월도와 애마였던 다소 귀여운 붉은 적토마도 만날 수 있다. 구시가의 여러 사원 중에서 유난히 인기가 많은 사원이다.

📍 관공묘 호이안
🏃 푸젠 회관과 호이안 시장에서 도보 1분
🏠 24 Trần Phú, Minh An, tp. Hội An 🎫 통합 티켓 이용

Miss Ly
미스리 호이안

◎ 미쓰리 호이안
🏃 호이안 시장과 관운장 사원에서 도보 1분
📞 +84 235 3861 603
🕐 11:00~21:00
🍴 까오러우 6만동, 화이트로즈 7만동, 완탄 11만동

모닝글로리와 함께 올드 타운에서 한국인에게 인기가 높은 음식점이다. 바로 옆에 2호점이 생겼을 정도로 인기가 많다. 주메뉴는 완탄Hoành Thánh Chiên이다. 호안탄, 환탄이라고도 불리는 이 음식은 반짱Bánh Tráng이라는 라이스페이퍼를 튀겨 그 위에 토마토와 고수 등을 올려 만든 것으로, 식감이 바삭하고 상큼하다. 다른 식당에서도 맛볼 수 있지만, 미스리의 완탄은 특유의 바삭거림이 좋아 최고로 꼽는다. 호이안 전통 비빔국수 까오러우Cao Lầu와 화이트로즈도 베스트 메뉴이며, 음료 중에서는 수박 주스의 인기가 좋다.

Three Banh Mi Restaurant 호이안 3대 반미

베트남에 가면 꼭 먹어봐야 할 음식이 반미다. 기다란 빵을 반으로 가르고 그사이에 고기와 갖가지 채소를 넣은 베트남식 샌드위치이다. 프랑스 식민지 시절 유행하기 시작했다. 호이안의 반미 가게로 반미퀸과 반미프엉, 피반미가 유명하다. 세 집 모두 맛이 좋다. 반미 퀸은 한 가지 메뉴에 집중매운맛, 덜 매운 맛 선택 가능하는 반면 나머지 두 집은 메뉴가 조금 더 다양하다. 피반미에는 한국어 메뉴판도 있다. 가게는 시골의 구멍가게처럼 로컬 느낌이 물씬 풍긴다.

Bánh Mì Queen(Madam Khánh) ◎ Bánh Mì Queen 🏃 내원교에서 북쪽으로 도보 8분 🏠 115 Trần Cao Vân, tp. Hội An 📞 +84 777 476 177 🍴 2만동
Bánh Mì Phuong ◎ Bánh Mì Phuong 🏃 호이안 시장에서 북동쪽으로 도보 4분 🏠 2B Phan Châu Trinh, Minh An 📞 +84 90 574 37 73 🍴 치즈 & 어니언 1만5천동, 치킨&치즈 2만5천동, 바비큐 2만5천동
Phi Bánh Mì ◎ Phi Bánh Mì 🏃 내원교에서 북쪽으로 도보 10분 🏠 88 Thái Phiên, Cẩm Phô 📞 +84 90 575 5283 🍴 돼지고기 샌드위치 1만5천동, 달걀&치즈 샌드위치 2만5천동

Pho Xua 포슈아

호이안에서 쌀국수를 먹고 싶다면 포슈아로 가자. 한국 여행자들에게 꽤 알려진 집으로 대체로 우리 입맛에 잘 맞는 편이다. 쌀국수 외에 베트남 북부지방 전통 음식 분짜와 프라이드 스프링롤도 맛있다. 음식 가격은 우리 돈으로 2~3천원이다. 푸젠 회관 북쪽 다음 블록 Phan Châu Trinh 거리에 있다.

◎ 포슈아 호이안
🏃 푸젠 회관에서 도보 2분. 호이안 시장에서 도보 3분
🏠 35 Phan Châu Trinh, Minh An
📞 +84 98 380 38 89
🕐 10:00~21:00
🍴 분짜 4만5천동,
    퍼보(소고기 쌀국수) 3만동

Cyclo Tour

올드 타운 씨클로 투어

🚶 올드 타운 곳곳에서 씨클로 무리를 발견할 수 있다.
🕐 올드 타운 한 바퀴 기준 약 30분
₫ 요금은 흥정하기 나름이다.
　　10~15분 약 10만동, 30분 기준 약 20만동

현진건의 소설 〈운수 좋은 날〉을 기억하는가? 양조위가 주연한 영화 〈씨클로〉는 어떤가? 〈운수 좋은 날〉의 주인공은 인력거를 끌고, 〈씨클로〉의 주인공은 아버지를 이어 씨클로 페달을 밟는다.

씨클로는 인력거와 비슷하지만 여기에 자전거를 덧댄 점이 다르다. 인력거와 자전거가 통합된 셈이다. 앞에 있는 인력거에 손님이 타고, 운전사는 뒤에서 자전거 페달을 밟는다. 베트남 어디를 가도 보게 되지만 특히 호이안 구시가지에서 자주 만나게 될 것이다. 구시가지는 씨클로 투어를 하기 딱 좋은 곳이다. 씨클로 투어는 낮보다는 밤을 권한다. 낮에는 날이 더워 생각만큼 만족스럽게 즐길 수 없다. 하지만 밤에는 사정이 다르다. 기온이 내려가 딱 좋은 조건이 된다. 게다가 조명과 등불이 켜지면 올드 타운은 환상적인 동화 마을로 변한다. 아름다운 골목골목을 씨클로로 구경해보자. 아주 낭만적인 밤이 될 것이다.

📷 **SPOT 08**

Hoi An
Night Market

호이안 야시장

📍 호이안 야시장

🏃 내원교에서 도보 3분 소요

🏠 3 Nguyễn Hoàng, Phường Minh An

🕐 18:00~22:00

야시장은 투본강 남쪽에 있다. 강 북쪽 내원교 부근에 있는 안호이 다리An Hoi Bridge를 건너 오른쪽으로 30m 안팎 걸으면 나온다. 개장 시간은 저녁 6시부터 10시까지이다. 가장 먼저 눈에 띄는 것은 알록달록, 형형색색 빛나는 등불이다. 등불가게가 야시장 입구에서 당신을 찬란하게 환영한다. 이 등불을 배경으로 인생 사진을 찍은 여행자가 많다. 등불이 켜지면 그즈음부터 도로 양편으로 포장마차가 쭉 늘어선다. 기념품, 액세서리, 베트남 음식, 맥주 등을 파는 간이 상점들이다. 라탄 백, 아오자이를 파는 상점도 보인다. 이때부터 호객이 시작된다. 물건을 살 때든, 음식을 먹을 때든 호이안에선 흥정이 필수이다. 음식도 그렇지만 옷이나 공예품은 꽤 높은 가격을 부른다. 여러 가게에 들러 가격과 품질을 비교한 후 구매하는 게 좋다. 강변 산책과 야시장 투어는 퍽 낭만적이다. 그래도 소매치기는 있는 편이니 분위기에 너무 취하지는 말자.

🍽️

Nhà Hàng Vi Quê 나항 비 꾸에

올드 타운에서 남쪽으로 안 호이 다리An Hoi Bridge를 건너면 음식 거리가 나온다. 나항 비 꾸에는 다리 건너 삼거리에 있다. 접근성이 좋아 항상 여행자들로 북적인다. 까오러우와 라우 무옹 싸오 또이모닝글로리의 맛이 좋다. 가격도 비교적 저렴해 부담 없다. 밤이 찾아오면 가게에서 보이는 다리와 투본강 전경이 아름답다. 운치 있는 밤에 들르길 추천한다. 가게들 모습이 비슷비슷하므로, 이름과 주소를 꼭 확인하자.

📍 nha hang vi que 🏃 내원교에서 남쪽으로 도보 2분

🏠 37 Đường Nguyễn Phúc Chu, An Hội, Minh An

📞 +84 905 782 206 🕐 09:00~22:30 ₫ 까오러우 3만5천동, 미꽝 3만5천동, 치킨라이스 4만5천동

Spa & Massage

호이안 마사지 숍 베스트 3

쉬는 것도 여행이다. 이제, 당신을 위해 종일 바쁘게 움직인 몸을 쉬게 하자. 지금은 릴렉스 타임! 서비스 좋고 한국인에게 인기가 높은 호이안의 마사지 숍을 소개한다.

①

Pandanus Spa Hoi An
판다누스 스파 호이안

◉ Pandanus Spa Hoi An
🚶 호이안 올드 타운에서 차로 5분 소요
🏠 3A Phan Đình Phùng Hội An Quảng Nam
📞 +84 935 552 733 🕙 10:00~20:00
💲 허벌 마사지 22$(90분) ① 카카오톡 ID Pandanusspa

트립어드바이저 상위 랭크

여행자의 만족도가 높아 손님이 많다. 릴렉션 마사지, 베트남 마사지, 판다누스 시그니처 마사지 등 종류가 다양하다. 남성 페이셜 케어나 네일 서비스도 제공하고 있다. 우기에는 따뜻한 허벌 마사지를 추천한다. 숍은 올드 타운에서 북쪽으로 조금 벗어나 있지만, 픽업과 드롭 서비스를 무료로 제공하기 때문에 크게 불편하지 않다. 2인 이상이 90분 이상 마사지를 예약하면 다낭 투숙객에게도 픽업 후 호이안 구시가지까지 드롭 서비스를 해준다. 마사지 후 호이안을 여행할 계획인 여행자에게 추천한다.

② Villa De Spa Hoi An
빌라 드 스파 호이안

◎ 빌라 드 스파 호이안
🚶 호이안 내원교에서 도보 7분 소요
🏠 16 Thoại Ngọc Hầu, Phường Minh An
📞 +84 235 3915 440 🕐 10:30~20:30
♂ 프리미엄 아로마 마사지 27$(60분)
ⓘ 예약 카카오톡 플러스 친구(빌라 드 스파 호이안)

한국인이 운영하는 부티크 스파
호이안은 다낭과 비교하면 시설이 좋은 마사지 가게가 부족한 편인데, 빌라 드 스파는 호이안에서 부티크 스파로 알려져 있다. 한국인이 운영하기 때문에 의사소통하기에도 편리하다. 유튜브 시청이 가능한 키즈클럽이 있어서 아이가 있는 가족끼리 방문하기에 좋다. 내원교에서 걸어서 7분, 호이안 야시장에서 도보로 5분이면 갈 수 있다. 여행자들이 이곳을 선호하는 이유 중 하나는 '탄Thann 오일'을 사용하는 프리미엄 마사지를 받을 수 있기 때문이다. 탄 오일은 태국의 친환경 아로마 오일이다. 카카오 플러스 친구를 통해 사전 예약이 가능하다. 올드 타운에 있다면 2인 이상 예약 시 무료 픽업 서비스도 해준다.

③ Palmarosa Spa
팔마로사 스파

◎ 팔마로사 스파 🚶 내원교에서 북쪽으로 도보 10분
🏠 90 Bà Triệu, Cẩm Phô 📞 +84 510 3933 999
🕐 10:00~21:00 ♂ Palmarosa Signature Therapy 62만동(100분), Foot Massage Signature 49만동(75분)
☰ http://palmarosaspa.vn
이메일 palmarosaspa@yahoo.com

인기가 많아 예약을 해야하는
호이안엔 너무나 많은 마사지 숍이 있다. 팔마로사는 그중에서도 단연 인기 절정이다. 워낙 인기가 좋아 당일 방문하면 마사지를 받지 못할 가능성이 높다. 실제로 자리가 없어 다시 발길을 돌리는 관광객을 여러 번 보았다. 발 마사지와 핫 스톤 마사지, 팔마로사 스파 시그니처의 인기가 많다. 로비에서 간단히 따뜻한 물로 세족을 한 뒤 마사지실로 이동하여 본격적인 서비스를 받게 된다. 인기가 많으므로, 며칠 여유를 두고 예약하자.

Cooking Class

요리 체험.
여행을 특별하게 만드는 방법

호이안의 내면 속으로 더 들어가고 싶다면 쿠킹 클래스에 참여하자. 2시간 코스와 반나절 코스가 있다. 2시간 코스는 스프링롤 같은 간단한 음식을 만들어 먹는 과정이다. 반나절 코스는 재료 구매부터 보트 투어, 음식 만들기, 음식 체험까지 포함되어 있다. 쿠킹 클래스는 호이안을 더 깊이, 더 오래 기억하게 해줄 것이다.

Red Bridge Cooking School

◎ Hai cafe
🚶 내원교와 광동 회관에서 동쪽으로 도보 2분
🏠 111 Trần Phú, Phường Minh An, Hội An
📞 +84 235 3933 222
🕐 08:15~13:00 ₫ 34불
☰ www.visithoian.com/redbridge/cookingschool.htm

시장 구경도 하고, 허브 정원도 간다

호이안의 하이 카페Hai Cafe는 레드 브릿지 쿠킹 스쿨이라는 요리 체험 프로그램을 운영하고 있다. 하이 카페에 모인 후 시장에서 재료를 사고 레드 브릿지 쿠킹 스쿨로 이동해 수업 및 식사를 진행한다. 4시간 동안 스프링롤과 샐러드 등 베트남 음식 만들기를 체험할 수 있다. 모닝글로리를 비롯한 호이안의 여러 식당에서 쿠킹 클래스를 진행하고 있지만, 하이 카페 프로그램이 더 알차다. 셰프가 한국인도 알아듣기 편한 영어를 구사하여 언어의 부담도 없다. 프로그램은 호이안 시장 견학, 투본강 보트 여행, 허브 정원 산책, 2시간 요리 수업, 점심 식사 순으로 진행된다.

②

Vy's Market Restaurant & Cooking School

나룻배도 타고 시장도 간다

레스토랑과 함께 쿠킹 클래스 프로그램을 진행한다. 호이안 야시장 근처에 있다. 호이
안에는 많은 쿠킹 클래스 레스토랑이 있지만, 이곳은 조금 특별하다. 무려 6가지의 프
로그램이 준비되어 있어 여행자의 취향에 맞게 쿠킹 클래스를 고를 수 있기 때문이다.
점심 또는 저녁 시간을 활용해 약 2시간 동안 진행하는 Vietnamese Street Food Tour
와 5시간 동안 진행하는 Advanced Masterclass의 만족도가 높다. Advanced Master-
class는 보트를 타고 호이안 시장에서 직접 재료를 고르고 요리하는 과정까지 포함하
고 있다. 예약과 결제 모두 여행 전에 미리 홈페이지에서 할 수 있다. 모닝글로리 레스
토랑의 쿠킹 클래스도 Vy's Market에서 진행하고 있다.

◎ Vy's Market Restaurant 🏃 호이안 야시장에서 도보 1분
🏠 03 Nguyen Hoang st, Hoi An 📞 +84 235 3926 926
☰ https://tastevietnam.asia/vietnamese-cooking-classes-hoi-an

[추천 프로그램]
-Vietnamese Street Food Tour (25불)
인원 최소 2인~6인, 소요시간 2시간
운영 매일 2회 11:00~13:00 | 18:00~20:00

-Holiday Masterclass (32불)
인원 최소 12인~32인, 소요시간 5시간
운영 매일 08:30~13:30

-Advanced Masterclass (42불)
인원 최소 4인~12인, 소요시간 5시간
운영 화요일 목요일 08:30~13:30

📷 **ONE MORE**   또 다른 쿠킹 클래스

Baby Mustard Bar 베이비 머스타드 바

올드 타운과 안방 비치 사이 작은 섬에 있다. 정원과 텃밭이 아름답다. 음식 맛과 분위기
모두 좋은 맛집이다. 쿠킹 클래스는 시장 투어부터 시작해 음식 만들기와 시식까지 이
어진다. 음식 재료를 아끼지 않는 곳으로 유명하다. 강습료는 25달러이다.

예약 babymustardrestairant@gmail.com

Hang Coconut 행 코코넛

바구니 배 투어와 쿠킹 클래스를 패키지로 진행한다. 투본강 하류에 있으며, 끄어다이
비치에서 가깝다. 예약은 홈페이지와 카카오톡으로 받는다.

홈페이지 http://www.hangcoconut.com 카카오톡 @hangcoconut

AROUND
HOI AN

호이안 근교

안방 비치부터 미썬 유적지까지

호이안의 매력은 아직 끝나지 않았다. 구시가를 벗어나면 또 다른 스폿이 당신을 매혹한다. 코코넛 숲을 여행하는 바구니 배 투어, 나무 공예품으로 유명한 투본 강변의 낌봉 마을, 해변이 아름다운 끄어다이 비치와 안방 비치, 그리고 참파 왕국의 영광을 전해주는 미썬 유적지까지, 호이안의 표정은 이렇듯 풍부하고 다채롭다.

An Bang Beach

안방 비치

📍 안방해변

🚶 올드 타운에서 그랩이나 택시 15분. 자전거 30~40분

🏠 3 Nguyễn Hoàng, Phường Minh An

💰 택시 편도 6~7만동. 자전거 1대 1만동

다국적 여행자가 모인다

다낭 북쪽 선짜 반도에서 시작한 백사장이 끊이지 않고 남쪽으로 길게 이어진다. 미케 비치, 논느억 비치, 안방 비치Bãi biển An Bàng, 끄어다이 비치. 길이는 무려 33km. 이 가운데 안방 해변과 끄어다이 비치가 호이안 동쪽에 사진엽서처럼 아름답게 펼쳐져 있다.

안방 비치는 올드 타운에서 북동쪽으로 약 5km 거리에 있다. 택시로 10~15분이면 도착할 수 있다. 야자수와 방갈로, 야자수잎 비치 파라솔, 선베드가 남국의 분위기를 한층 북돋아 준다. 한국인뿐 아니라 서양, 일본 등 다국적 여행자로 붐빈다. 레스토랑과 바도 많은 편이다. 음료만 시켜도 선베드를 무료로 사용할 수 있다. 한국인에게 인기가 많은 소울 키친도 이곳에 있다. 액티비티를 좋아한다면 제트 스키와 패러세일링에 도전해보자.

Soul Kitchen 소울 키친

남국의 낭만이 흐르는 해변을 바라보며 식사를 즐길 수 있는 운치 있는 식당이다. 목조 양식으로 지은 건물이 매력적이다. 파스타, 햄버거 같은 친숙한 서양식과 호이안 전통 국수 까오러우를 비롯한 베트남 음식을 즐길 수 있다. 소울 키친에서 식사하면 선베드와 샤워 시설을 무료로 사용할 수 있기에 마음껏 해수욕을 즐겨도 좋다. 소울 키친의 또 하나 매력은 라이브 공연이다. 매주 수요일부터 일요일 저녁까지 록, 레게, 힙합 등 다양한 음악을 즐길 수 있다. 밤은 깊어갈수록 낭만도 깊어간다. ⊙ 소울 키친 호이안 ⟰ 호이안 올드 타운에서 차로 15분 ⌂ An Bang Beach, Hai Bà Trưng, Quảng Nam ☎ +84 90 644 03 20 ⏱ 08:00~23:00 ₫ 까오러우 6만동, 소울 버거 14만동 ☰ http://www.soulkitchen.sitew.com

Baby mustard Bar 베이비 머스타드

트립어드바이저에서 상위권을 유지하고 있는 맛집이다. 한국 여행자에게도 제법 많이 알려졌다. 정원과 텃밭이 아름답고, 대나무 인테리어가 남국 분위기를 높여준다. 베트남 부침개인 반쎄오, 참깨 돼지고기구이, 망고 주스가 입맛을 사로잡는다. 올드 타운과 안방 비치 사이, 투본강 하류 작은 섬에 있다. 안방 비치를 오고 가는 길에 들르기 좋다. 이곳에서는 쿠킹클래스도 진행한다. 재료 구매를 위한 시장 투어, 요리 체험, 시식이 포함된 가격이 1인 기준 22달러이다.

⊙ Baby Mustard Bar ⟰ 올드 타운에서 택시 10분. 안방 비치에서 택시 5분 ⌂ Dong Khoi, Cam Ha ☎ +84 935 725 740 ⏱ 08:00~23:00 ₫ 평균 메뉴 가격 16만동

Cua Dai Beach

끄어다이 비치

📍 15.897664, 108.366886

🚶 올드 타운에서 택시 15~20분

🏠 3 Nguyễn Hoàng, Phường Minh An

🚕 그랩 택시와 일반 택시 편도 6~7만동

조용히 바다를 즐기고 싶다면

안방 비치 남쪽은 끄어다이 비치Bãi biển Cua Đại이다. 예전엔 안방 비치보다 유명했으나 지금은 한가로운 편이다. 올드 타운에서 동쪽으로 8km 거리에 있다. 안방 비치보다 리조트와 호텔이 많다. 해변엔 공용 비치와 리조트 전용 비치가 길게 이어져 있다. 전용 비치는 야자수 파라솔과 선베드를 갖추고 있으며, 공용 해변은 현지인과 여행객 누구든 이용할 수 있다. 제트 스키, 바나나 보트 등 다양한 액티비티도 할 수 있다. 하지만 끄어다이 비치는 방파제 때문에 파도의 흐름이 바뀌어 모래 유실이 심한 편이다. 안방 비치보다 한산하고 레스토랑과 바도 적은 편이다. 안방 비치의 번잡함이 싫다면 끄어다이 비치로 가자.

>> TRAVEL TIP

셔틀 서비스로 교통비를 아끼자

호이안의 제법 이름난 호텔과 리조트에서는 대부분 해변과 올드 타운을 왕복하는 셔틀 서비스를 제공한다. 소형 버스를 운행하는 곳도 있지만 SUV 차량을 셔틀버스로 운행하는 리조트도 있다. 보통 하루 2~5회 운행한다.

📷 ONE MORE

취향 따라 해양 액티비티 즐기기

안방 비치와 끄어다이 비치에서 즐길 수 있는 해양 스포츠는 제법 다양하다. 인기가 많은 액티비티로는 패러세일링, 제트 스키, 바나나 보트를 꼽을 수 있다. 새처럼 바다 위를 날고 싶다면 패러세일링을 타자. 100m가 넘는 상공에서 우아하게 바다와 지상을 내려다볼 수 있다. 공중부양이 아니라 속도감을 즐기고 싶다면 제트 스키와 바나나 보트를 선택하면 된다. 스릴감이 아찔아찔하다.

🚤 패러세일링 1인 60만동, 2인 80만동 제트 스키 15분 50만동, 20분 70만동
바나나보트 5명 10분 100만동

©hang coconut

📷 SPOT 03

Basket Boat Tour
바구니 배 투어

투어 방법 인터넷 및 카카오톡 예약 후 집결지에서 배 또
는 차로 이동
추천 업체 Hang Coconut(예약 카카오톡 @hangcoco-
nut), 잭 트랜스 투어(jacktrantours.com), 호이안 에코 코
코넛 투어(hoianecococonuttour.vn)
투어 시간 약 40분 ~ 1시간
예산 코코넛 마을 입장료 포함 5~7불

투본강 하류는 넓은 코코넛 숲이다. 옛날엔 어부들이 바구니 배를 타고 고기를 잡
았다. 지금은 쓰임새가 관광용으로 바뀌었다. 사공을 포함해 3명이 동그란 전통
배를 타고 코코넛 정글로 떠난다. 사공이 투어 도중에 풀로 곤충, 모자, 반지 등을
만들어주고, 간단한 낚시로 게나 물고기도 잡아준다. 배가 여러 척 모이면 공연 전
문 사공이 또 다른 배와 함께 뱅글뱅글 돌며 멋진 쇼를 보여준다. 이때 보통 팁 1만
동을 준다. 바구니 배 투어와 쿠킹클래스를 에코 투어라는 이름으로 함께 진행하
기도 한다. 여기에 물소 타기 체험을 더한 상품도 있다. 바구니 배 투어는 업체가
많고 가격도 천차만별이다. 바가지에 주의하자. 투어 요금은 코코넛 마을 입장료
를 포함하여 1인당 5~7달러가 합리적이다. 쿠킹클래스 등 다른 체험을 포함한 가
격은 1인 기준 30불 내외이다.

📷 SPOT 04

Kim Bong Carpentry Village
낌봉 목공예 마을

랑목 낌봉Làng mộc Kim Bồng은 투본강 하류의 섬마을이다. 호이안 구시가 선착장
에서 남동쪽으로 배로 15분 거리에 있다. Làng mộc은 나무 마을이라는 뜻이다.
랑목 낌봉을 풀면 낌봉 나무 마을이라는 뜻이 된다. 마을에 들어서면 공예 장인과
나무 공예품 가게를 만날 수 있다. 장인들은 작은 기념품부터 서까래, 기둥, 제단
같은 덩치 큰 나무 제품도 만들어낸다. 섬세한 장식품이나 부처 공예품이 여행자
에게 인기가 높다. 낌봉 마을은 다소 상업성 느껴져 호불호가 갈리는 편이다. 하지
만 천천히 둘러보며 예스러운 풍경을 만끽하기엔 제법 좋은 곳이다.

📍 Kim Bong Carpentry Village
🚶 호이안 시장 인근 박당Bach Đằng 거리 선착장에서 배로 약 15분
🏠 Kim Bong Carpentry Village, Cẩm Kim, Hội An

📷 **SPOT 05**

My Son
Sanctuary 미썬 유적지

📍 미선유적

🚶 호이안에서 자동차로 60분

🏠 Duy Phú , Duy Xuyên, Quảng Nam

📞 +84 510 3731 309 ₫ 15만동

☰ http://mysonsanctuary.com.vn

신비로운 힌두 유적

호이안에서 서쪽으로 40km를 달리면 참파 왕국The Kingdom of Champa. 192~1832
의 영광을 옛이야기처럼 들려주는 유적이 있다. 1999년 세계문화유산에 등재된
힌두 사원 유적 미썬Mỹ Son이다. 미썬은 베트남어로 '아름다운 산'이라는 뜻이다.
한자 美山에서 비롯되었다. 베트남의 많은 문화유산이 불교에 바탕을 두고 있다
는 점에서 미썬 힌두 사원은 독특하면서도 특별하다. 미썬 유적은 인도와의 교류
를 보여주는 구체적인 사례이다.

미썬은 오랫동안 참파 왕국의 정신적인 수도였다. 사원은 4세기에 바드라바르만
왕이 힌두교의 3대 신 중 가장 영향력이 큰 시바를 모시는 사원으로 처음 건립하
였다. 왕을 신과 동일시하는 '신왕 사상'을 널리 퍼뜨려 왕권을 강화하려는 의도였
다. 그 이후 참파의 왕들은 그들의 사후세계를 위한 사원을 이곳에 하나씩 건립했
다. 이렇게 지은 사원이 모여 거대한 유적지가 되었다. 신라 말과 고려 초에 전해
진 밀교의 뿌리가 참파 왕국이라는 설이 있으니, 우리와도 인연이 깊은 유적이다.
미썬 유적은 참파가 응우옌 왕조에 의해 베트남에 흡수된 뒤 한동안 정글에 묻혀
있었다. 다행히 프랑스 탐험가에게 발견되어 세상에 알려졌으나 주요 유물과 불
상 머리를 잘라 프랑스로 가져가 버렸다. 결정적으로 베트남 전쟁 때 미군의 폭격
으로 치명상을 입었다. 베트남도 우리처럼 식민 지배와 전쟁의 상처가 지워지지
않은 지문처럼 곳곳에 남아있다.

미션 유적지 상세 지도

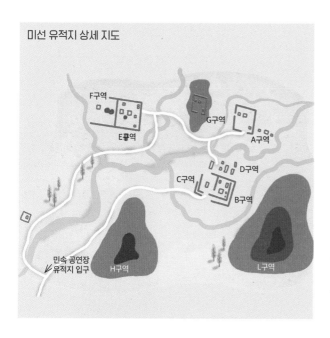

현재 미썬에 남아있는 건축물은 대부분 10~11세기에 세워진 것이다. 탑은 우주의 중심에 있는 신성한 산을 상징하고, 정사각형 또는 직사각형 기단은 인간 세계를 상징한다. 탑 안과 밖에는 힌두 신을 조각하여 놓았는데, 조각 양식은 인도에서 전해진 것이다. 사원 건축 기법이 독특하다. 접착제를 사용하지 않고 구운 벽돌을 끼워 맞추는 기법으로 만들었다. 기둥은 돌로 만들었다. 애초에 탑 위엔 금박, 또는 은박을 입힌 지붕이 있었다. 안타깝게도 지금은 그 모습을 볼 수 없으니 상상으로 사원을 완성할 수밖에 없다. 햇빛을 받은 지붕들이 금빛, 은빛으로 빛나는 광경을 상상해 보라. 화려하고 장엄했으리라. 하지만 오늘의 미썬은 '장엄의 미'가 아니라 '폐허의 미'를 보여준다. 신비로운 듯쓸쓸하고, 쓸쓸한데 신비롭다. 아쉬움이 남는다면 다낭의 참 박물관으로 가자. 미썬에서 미처 발견하지 못한 참파 왕국 이야기를 그곳 유적들이 들려줄 것이다.

TRAVEL TIP
미썬 여행 팁

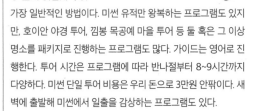

TIP 1. 미썬을 여행하는 세 가지 방법
① 현지 여행사 투어
가장 일반적인 방법이다. 미썬 유적만 왕복하는 프로그램도 있지만, 호이안 야경 투어, 낌봉 목공예 마을 투어 등 둘 혹은 그 이상 명소를 패키지로 진행하는 프로그램도 많다. 가이드는 영어로 진행한다. 투어 시간은 프로그램에 따라 반나절부터 8~9시간까지 다양하다. 미썬 단일 투어 비용은 우리 돈으로 3만원 안팎이다. 새벽에 출발해 미썬에서 일출을 감상하는 프로그램도 있다.

② 호텔 여행 프로그램 참여
호이안과 다낭의 호텔과 리조트 중에서 자체 여행 프로그램을 운영하는 곳이 있다. 프로그램 진행 여부는 홈페이지와 컨시어지 프런트에서 확인할 수 있다. 하루 전에 예약해야 한다. 입장료와 식사 미포함 평균적으로 1인당 20~30만동이다.

③ 그랩 또는 택시 전세 여행
택시로 왕복하고, 여행하는 동안 기사가 기다려주므로 가장 편리하다. 택시는 흥정이 필수다. 흥정하는 일이 번거롭다면 그랩 택시를 이용하면 된다. 요금은 100만동 안팎이다.

TIP 2. 여행하기 전에 알아두세요
① 유적지 이동은 전동차로
매표소에서 유적지까지는 약 2km 떨어져 있다. 걷기엔 무리이므로 꼭 전동차를 타자. 비용은 무료이다.

② 지도를 미리 살피자
유적을 만나기 전에 안내 지도를 먼저 살펴보는 게 좋다. 지도에는 무너지기 전의 사원 형태까지 자세히 나타나 있어서 전체적인 구조를 이해하는 데 도움을 준다.

③ 참족 민속 공연 관람
유적지 입구에 참족 민속 공연장이 있다. 하루 3회09:30, 10:30, 14:30 무료 공연이 열린다. 시간 여유가 있다면 잊지 말고 관람해보자. 참족 문화의 내면을 이해하는 데 도움이 될 것이다.

TIP 3. 미썬 여행 필수 준비물
① 생수와 손 선풍기
베트남은 덥다. 건기든, 우기든 생수와 손 선풍기를 준비하자.

② 선크림과 쿨 토시
더운 만큼 햇빛도 강하다. 선크림과 쿨 토시도 꼭 챙기자.

③ 모자와 우산
건기2월~7월엔 햇빛을 가려줄 채양 달린 모자 또는 양산을 준비하자. 우기8월~1월엔 언제 스콜이 내릴지 모른다. 우산 또는 비옷을 꼭 준비하자.

④ 멀미약과 간식거리
비포장도로가 많아 도로 사정이 썩 좋지 않다. 만약을 위해 멀미약을 챙기면 좋다. 미썬은 기본 4~5시간 코스이다. 출출할 때를 대비해 간식거리도 준비하자.

📷 ONE MORE

참파 왕국이 궁금한가요?

참파The Kingdom of Champa, 192~1832는 서기 192년 말레이계 참족이 중국 한나라 세력을 물리치고 베트남 중남부에 세운 왕국이다. 당시 한나라BC206~AD220는 '한사군'을 두어 한반도 북부 일부를 다스린 것과 비슷한 방법으로 '3군'을 설치하여 베트남을 지배하고 있었다. 이 무렵 중남부에서 힘을 키운 참족이 한나라를 몰아내고 새 나라를 세운 것이다. 참파는 인도·캄보디아·중국 등과 교류하며 1600년 넘게 베트남 중남부 지방을 다스렸다. 또 4세기부터 13세기까지, 북쪽의 대월베트남의 옛 이름과 앙코르와트를 세운 캄보디아의 크메르 왕국과 경쟁하며 전성기를 누렸다.

참파는 베트남에선 드물게 힌두교를 국교로 삼은 왕국이다. 미썬은 힌두교 성지로 참파 왕국의 정신적 수도였다. 참파는 대월베트남과 10세기부터 약 500년 동안 갈등과 전쟁의 시대를 보내다, 1832년 베트남에 복속되었다. 참파 왕국이 멸망한 뒤 참족은 대부분 베트남에 동화되었으나 일부는 캄보디아로 도피하고, 일부는 베트남에 남아 소수 민족으로 살아가고 있다. 현재 캄보디아에 약 10만 명, 베트남에 1만 6천 명이 살고 있다. 16세기에 이들은 힌두교 대신 이슬람을 받아들였는데, 지금도 참족 대부분은 이슬람을 믿고 있다.

»TRAVEL TIP
시간이 없다면 참 박물관으로

미썬까지 갈 시간이 없다면 다낭의 참 박물관으로 가자. 참파 왕국 유물을 단독으로 전시하는 세계 유일의 박물관으로, 용다리 서쪽에 있다. 식민지 시대 프랑스 귀족의 저택을 개조해 만들었다. 대표적인 유물은 시바 신 조각상이다. 시바 신은 당시 힌두교 3대 신 가운데 영향력이 가장 컸던 신인데, 힌두교 특유의 조각상을 구경하는 맛이 낯설고 이채롭다. 다원적이고 다신적인 힌두교를 이해하는 데 큰 도움을 받을 수 있다.

◎ 참 박물관 🚶 용다리 서쪽 끝 원형 교차로 부근
☰ http://www.chammuseum.vn

📷 SPOT 06

Tra Kieu Marian Shrine 짜끼에우 대성당

◎ 15.8233450, 108.227619
🚶 호이안에서 미썬 유적지 방향으로 20km
🏠 DT 610, Duy Sơn, Duy Xuyên

베트남 공식 성모 발현지

짜끼에우 대성당은 천주교 신자에게 추천한다. 베트남에서 공식적으로 인정한 성모 발현지로, 호이안에서 서쪽으로 약 20km 떨어져 있다. 미썬 유적지로 가는 길에 들르기 좋다. 아치형 출입문과 창틀을 갖춘 분홍빛 성당이 이채롭다. 성당을 제외한 건물은 베트남 양식으로 지어져 이 또한 인상적이다. 성당이 제법 높은 언덕에 있어 짜끼에우를 한눈에 전망할 수 있다.

AREA 03
HUE

베트남 국명이 이 도시에서 반포되었다

후에는 1945년까지 베트남 최초의 통일 왕국이자 마지막 왕조의 수도였다. 세계문화유산의 도시로, 시간을 거슬러 올라가 '어제'의 베트남을 만나게 해준다. 후에를 여행하는 순간, 당신은 '또 하나의 베트남'을 만나게 될 것이다.

베트남 마지막 왕조의 수도

후에는 베트남 중부에 있는 세계문화유산 도시다. 다낭에서 북쪽으로 95km 떨어져 있으며, 자동차로 2시간 정도 걸린다. 베트남을 남북으로 나누는 기준이 되는 도시다. 흐엉강 하구 도시로 인구는 약 35만 명이다. 후에는 1802년부터 1945년까지 베트남 최초의 통일 왕국이자 마지막 왕조인 '응우옌 왕조'의 수도였다. 국호를 남비엣_{남월}이라 지어 청나라에 수락을 요청했으나 청은 비엣남_{월남}으로 정해 내려보냈다. 지금의 국호 베트남이 여기에서 유래했다. 베트남 전쟁 때에는 미군의 폭격으로 도시와 왕궁의 80%가 파괴되는 아픔을 겪었다.

후에 왕궁, 자금성을 닮았다

서울에 한강이 있듯이 후에엔 흐엉강_{향강, Perfume River}이 흐른다. 강의 북쪽엔 구시가지로 성채와 왕궁이, 남쪽엔 신시가지가 있다. 구시가지는 요새 같은 정사각형 해자와 성벽이 둘러싸고 있다. 길이가 무려 10km이다. 왕궁은 이 성채 안에 있는데, 사방 2.5km의 해자와 성벽이 다시 궁궐을 둘러싸고 있다. 왕궁에서 남쪽으로 약 10~13km 떨어진 곳에 민망 황제, 뜨득 황제, 카이딘 황제의 능과 기념물이 있다. 왕궁에서 서쪽으로 4km쯤 가면 후에를 상징하는 티엔무 사원이 있다. 한적한 강변에 세운 아름다운 사원이다. 베트남에서 가장 큰 7층 석탑이 유명하다.

홈페이지 https://vietnam.travel

≫ TRANSPORTATION TIP
후에 교통 정보

다낭에서 후에까지 약 2시간이 걸린다. 택시, 그랩, 렌터카, 투어 버스, 기차, 버스일반 버스, 슬리핑 버스, 럭셔리 버스 등을 이용하면 된다. 비용은 교통수단에 따라 8만동부터 120만동까지 천차만별이다. 후에 시내 교통편은 택시, 자전거, 그랩, 호텔 셔틀버스, 시클로, 쎄옴오토바이 택시 등 다양하다.

TRAVEL TIP
효과적인 후에 여행법

① 택시 또는 그랩 전세

주요 명소를 보려면 최소 6시간이 필요하다. 기차나 버스로 이동한다 해도 현지에선 택시를 이용하는 게 좋다. 택시나 그랩을 6시간 정도 전세 내어 왕궁, 티엔무 사원, 카이딘 왕릉, 민망 왕릉 등을 차례로 돌면 좋다. 아예 다낭에서 택시를 전세 내 하이반 패스와 랑코 비치도 둘러보면 더 좋다. 후에 전세 택시는 30~40만동, 다낭에서 출발하는 택시는 150만동이 합리적이다.

② 다낭 여행사 일일 투어

다낭에서 일일 투어에 참여하는 것도 방법이다. 가는 길에 하이반 패스와 랑코 비치를 기본으로 들르며, 흐엉강 유람선 탑승 프로그램을 진행하는 곳도 있다. 비용은 식비, 입장료 포함 5~7만 원이다. 출발 전 인터넷 검색 후 예약하는 게 좋다.

후에 성채와 왕궁
- 요새 같은 성채와 왕궁. 베트남 마지막 왕조의 영광과 몰락을 품었다.
- 자금성을 본 떠 만든 왕궁은 10km의 해자와 성벽에 둘러싸여 있다.
- 세계문화유산. 베트남 전쟁 때 미군의 폭격으로 80%가 파괴되었다.

구시가지(후에 성채)

후에 왕궁 Đại Nội

궁정 박물관

매표소

Lê Trực

현인문

후에 박물관
Hue Museum

장생궁

자금성

연수궁

이타오 가든

태화전

종묘

오문

매표소

깃발탑

Cửa Ngăn

Lê Duẩn

Trần Hư

Doan Thi Diem

Đinh Tiên Hoàng

Cầu Phú Xu

Lê Duẩn

해자

후엔 안

Lê Duẩn

흐엉강

Kim Kong

티엔무 사원

호찌민 박물관
Ho Chi Minh Museum

궉혹
Quoc Hoc
High School

Lê Lợi

Nguyễn Huệ

티엔무 사원
- 왕궁 서쪽 4km 지점, 흥엉 강변에 있는 고즈넉한 400년 고찰
- 대표적인 볼거리는 높이가 21m에 이르는 팔각칠층석탑이다.
- 파란색 오스틴 클래식 카, 소신공양을 한 틱꽝득 스님의 마지막 흔적

정원 같은 왕릉
- 카이딘 왕릉. 프랑스 영향을 받은 고딕 양식 왕릉으로 내부가 무척 화려하다.
- 민망 왕릉. 응우옌 왕조 2대 통치자재위 1820~1840의 왕릉으로 정원처럼 아름답다.
- 뜨득 왕릉. 4대 통치자 뜨득의 능으로 생전엔 휴양 공간, 사후엔 왕릉이 되었다.

필그리미지 리조트(15분)
뜨득 왕릉(20분)
카이딘 왕릉(25분)
민망 왕릉(30분)

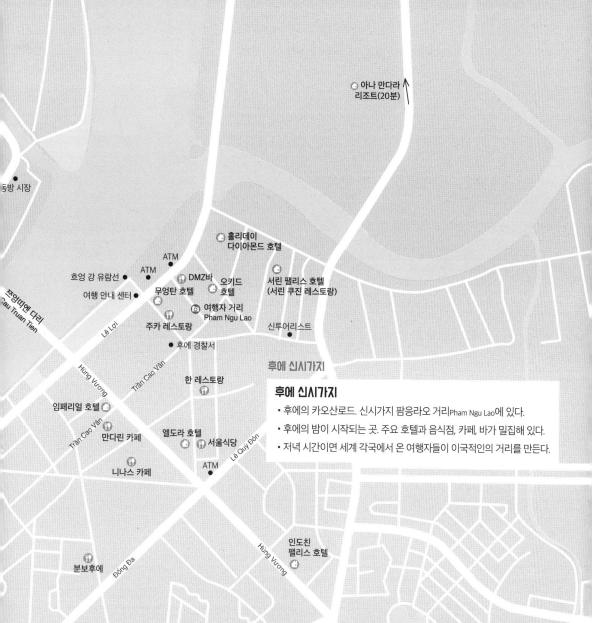

동방 시장

아나 만다라
리조트(20분)

ATM

흐엉 강 유람선

ATM

홀리데이
다이아몬드 호텔

DMZ바

오키드
호텔

여행 안내 센터

무엉탄 호텔

주카 레스토랑

여행자 거리
Pham Ngu Lao

서린 팰리스 호텔
(서린 쿠진 레스토랑)

신투어리스트

쯔엉띠엔 다리
Cau Truan Tien

Lê Lợi

후에 경찰서

후에 신시가지

Hùng Vương

Trần Cao Vân

한 레스토랑

임페리얼 호텔

후에 신시가지

- 후에의 카오산로드. 신시가지 팜응라오 거리Pham Ngu Lao에 있다.

Trần Cao Vân

만다린 카페

엘도라 호텔

서울식당

Lê Quý Đôn

- 후에의 밤이 시작되는 곳. 주요 호텔과 음식점, 카페, 바가 밀집해 있다.

- 저녁 시간이면 세계 각국에서 온 여행자들이 이국적인의 거리를 만든다.

니나스 카페

ATM

인도친
팰리스 호텔

분보후에

Đống Đa

Hùng Vương

Nguyễn Huệ

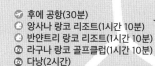

후에 공항(30분)
앙사나 랑코 리조트(1시간 10분)
반얀트리 랑코 리조트(1시간 10분)
라구나 랑코 골프클럽(1시간 10분)
다낭(2시간)

©Flickr_Dennis Jar

Citadel & Hue Royal Palace

후에 성과 왕궁

◉ 후에 성
🚶 다낭에서 자동차로 2시간. 흐엉강 북쪽 구시가지
🏠 Thành phố Huế, Thừa Thiên Huế
🕐 08:00~17:30(목요일은 22:00까지)
🎫 성인 15만동, 어린이 3만동(7~12세)

해자에 둘러싸인 요새 같은 왕궁

후에는 성채 도시다. 특히 구시가지는 정사각형 해자와 성벽이 둘러싸여 있는데 높이는 약 6m, 사방의 길이는 무려 10km에 이른다. 거대한 요새와 같다고 해서 시타델Citadel이라 부른다. 프랑스의 장군이자 건축가 보방Vauban, 1633~1707의 요새 축조 기법을 활용하여 만들었다. 성채 안에 관리들이 일하던 공간과 왕궁이 함께 있었는데, 현재는 왕궁만 남고 나머지는 주거지로 변했다.

성채 안 왕궁은 사방 2.5km에 이르는 해자와 성벽으로 다시 둘러싸여 있다. 구중 궁궐이다. 왕궁은 왕의 업무 공간과 거주 공간인 자금성Tử Cấm Thành, 뜨껌탄으로 나누어져 있다. 1804년 응우옌 왕조의 초대 황제 자롱이 건설을 시작하여 28년 후인 1832년 민망 황제 때 성채와 함께 완공했다. 143년 동안 황제 13명이 이곳에서 베트남을 다스렸다. 후에 성과 왕궁은 안타깝게도 베트남 전쟁 때 미군의 폭격을 받아, 폐허의 흔적이 여전히 남아 있다. 1993년 유네스코 세계문화유산으로 지정되었으며, 느리지만 지금도 복원 작업이 이루어지고 있다.

©Flickr_xiquinhosilva

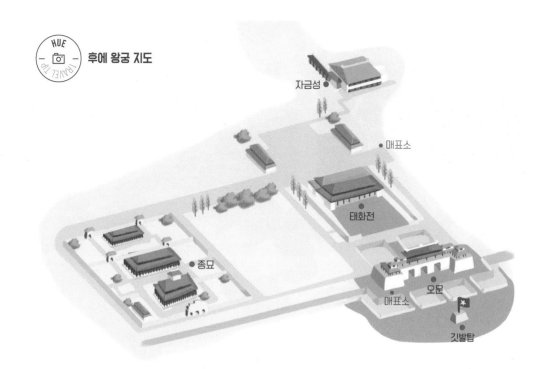

후에 왕궁 지도

자금성

매표소

태화전

종묘

매표소

오문

깃발탑

① Flag Tower 깃발 탑

궁으로 들어가기 전 여행객은 깃발 탑Kỳ Đài, 끼 다이을 먼저 만나게 된다. 남쪽 정문인 오문 맞은편에 있다. 깃발 탑은 높이가 17.4m에 이르는 피라미드 모양 3층 탑으로 위세가 제법 당당하다. 1층은 자연, 2층은 사람, 3층은 신을 의미한다. 응우옌 왕조의 첫째 황제인 자롱이 1804년 왕성을 지을 때 함께 축조했다. 1807년부터 탑 위에 나무 깃대를 세우고 응우옌 왕조의 깃발을 게양했으나, 지금은 베트남 국기가 펄럭이고 있다. 1960~70년대엔 북베트남과 남베트남 국기가 번갈아 가며 펄럭였다. 다낭과 후에가 베트남 전쟁의 최전선이었기 때문이다. 전쟁의 아픔을 잊은 듯 지금은 흐엉강 바람결에 베트남 국기가 경쾌하게 펄럭이고 있다. ◉ 께이 다이 ⌘ 후에 성 입구 오문 맞은 편

② Citadel Gate 오문

오문Ngọ Môn, 응오몬은 왕궁의 남쪽 정문으로 아우라가 남다르다. 누각을 갖춘 2층 출입문인데, 규모가 크고 화려해 궁궐 내부만큼이나 오래 기억에 남는다. 경복궁으로 치면 광화문 같은 존재이지만 크기, 구조, 화려함이 훨씬 앞선다. 1833년 민망 황제 때 완공되었다. 옛날 중국에서는 북쪽을 자子, 남쪽을 오午라고 했는데, 오문은 여기에서 비롯되었다. 궁궐의 남문이라는 뜻으로 중국의 자금성 남문도 오문이고, 광화문도 애초 이름은 오문이었다. 출입구가 정면에 3개, 측면에 두 개가 있다. 정면의 중앙 문은 황제만 지나갈 수 있었고, 나머지 양쪽은 관료들이 출입했다. 측면 문은 말과 짐을 실은 마차, 그리고 짐꾼들이 사용했다.

③

Dien Thai Hoa 태화전

태화전디엔타이호아은 경복궁 근정전 같은 곳이다. 오문을 지나면 큰 연못에 놓인 긴 다리가 나타난다. 태화전은 연못 너머에 있다. 베이징의 자금성 태화전을 본떠 만든 황금빛 건축물이다. 왕이 사신을 접견하거나 대관식과 기념일 행사를 여는 장소로 주로 쓰였다. 태화전 마당에는 근정전과 마찬가지로 품계석이 서 있다. 건물 내부로 들어서면 황제의 옥좌와 지붕을 받치는 붉은 기둥 80개와 태화전에 전시된 정교하고 화려한 옥쇄가 눈길을 끈다. 성과 왕궁의 당시 모습을 이해하게 도와주는 영상 자료도 볼 수 있다.

④

Mieu 종묘

태화전 왼편에는 역대 황제의 신주神主, 죽은 사람의 영혼을 모시는 나무패를 모신 종묘미에우가 있다. 남쪽부터 차례대로 현임각Hiển Lâm Các, 세조묘Thế Tổ Miếu, 홍조묘Hưng Tổ Miếu가 서 있다. 현임각과 세조묘는 역대 왕의 신주를 모신 종묘이고, 홍조묘는 응우옌 왕조 제1대 황제인 자롱의 부모를 모신 사당이다. 현임각이 제일 오래됐다. 제2대 황제 민망이 3층 목조로 만들고, 자롱 황제의 위패를 모셨다. 현임각은 높이가 13m에 이르는데, 민망 황제가 현임각보다 더 높은 전각을 짓지 못하게 한 까닭에 지금도 왕궁에서 가장 높다. 아버지의 권위를 높이려는 민망 황제의 효심과 정치적 의도를 동시에 엿볼 수 있는 건물이다. 종묘 내부에서 역대 황제의 제단과 초상을 볼 수 있다.

⑤

Tu Cam Thanh 자금성

자금성뜨껌탄은 황제가 생활하던 내밀한 공간으로 태화전 뒤쪽에 있는 내궁이다. 일반인은 감히 출입할 수 없었던 내밀한 공간으로 황제와 비, 황실의 가족이 생활했다. 이름에서 알 수 있듯이 중국의 자금성을 본떠 만들었다. 원래 수많은 건물이 있었지만 1968년 구정 대공세 때 미군의 공습으로 대부분 파괴되어, 지금은 드넓은 면적으로만 당시 규모를 가늠할 수 있다. 현재는 문관과 무관이 업무를 처리하던 우무, 좌무 건물과 황제의 서재로 활용하던 태평루, 왕실 공연이 이루어진 열시당만 복원되어 있다. 복원 속도가 느려 안타깝다.

Museums of Hue 후에의 박물관
고도의 박물관 산책

후에 성과 왕궁 구경 후, 뭔가 아쉬움이 느껴진다면 후에 궁정 박물관Bảo tàng Cổ vật Cung đình Huế과 후에 박물관으로 향하자. 태화전 동쪽 현인문Cua Hien Nhon, 끄어히엔년을 나와 5분쯤 가면 만날 수 있다. 두 박물관은 서로 마주 보고 있어 한 번에 관람할 수 있다. 궁정 박물관은 카이딘 황제가 세웠으며, 응우옌 왕조의 귀한 유물이 전시되어 있다. 맞은편의 후에 박물관은 독립 전쟁과 베트남 전쟁의 흔적을 느낄 수 있는 유물과 문화유산을 보여준다. 두 박물관 모두 후에 성과 왕궁보다 인적이 드물어 여유롭게 둘러보기 좋다. 왕궁 건너편 흐엉강 남쪽 강변엔 호찌민 박물관도 있다. 여기에서 동쪽으로 도보 1분 거리에 그의 모교인 궉혹 고등학교가 있다.

📍Hue Museum of Royal (호찌민 박물관 Ho Chi Minh Museum of Hue)
🚶태화전 우측 현인문을 나와 도보 5분
₫궁정 박물관은 후에 성과 왕궁 입장료에 포함(후에 박물관은 입장료 2만동)

EAT & DRINK

Huyen Anh 후엔 안

쌀국수의 한 종류인 분팃느엉Bún thịt nướng을 파는 현지인 맛집이다. 플라스틱 의자가 로컬 느낌을 더해준다. 분팃느엉은 구운 고기와 채소, 쌀국수를 함께 비벼 먹는 음식이다. 각종 채소와 구운 돼지고기를 함께 먹는 팃느엉 또한 인기 메뉴이다. 후에 왕궁과 티엔무 사원 중간의 낌롱 거리Kim Long에 있다. 후에 성에서 택시로 5분 거리이며, 기사에게 물어보면 대부분 알고 있다.

📍Huyen Anh Wet Cake
🚶후에 성 서쪽 Kim Long 거리. 후에 성에서 택시로 5분
📞 +84 234 6567 777 🕘 09:00~18:00
₫분팃느엉 2만2천동, 팃느엉 6만동

Y Thao Garden 이타오 가든

후에 궁중요리 전문점이다. 후에는 우리로 치면 전주 같은 음식의 도시이다. 궁중요리는 후에에서 먹어야 할 1순위 음식이다. 이타오 가든은 궁중요리 음식점답게 정원처럼 잘 꾸며져 있다. 메뉴는 코스 요리이다. 스프링롤, 쌀국수, 새우볶음, 바나나 꽃 샐러드, 오리고기, 볶음밥 등을 맛볼 수 있다. 음식이 멋스럽게 꾸며져 나온다. 음식인지 장식인지 구분이 안 될 정도이다. 왕궁 서쪽에 있다.

📍Y Thao Garden
🚶후에 성 깃발 탑에서 서북쪽으로 도보 5분
📞 +84 234 3523 018
₫코스 메뉴 25만동

Thien Mu Pagoda 티엔무 사원

📍티엔무사원 🚶시내 또는 왕궁에서 차량으로 서쪽으로 약 10분. 택시와 그랩 왕복 5만동
📞 +84 97 275 15 56 ₫ 무료

이렇게 아름다운 석탑이 또 있을까?

티엔무 사원Chùa Thiên Mụ, 쯔어 티엔무은 왕궁에서 서쪽으로 4km가량 떨어진, 흐엉 강변 언덕에 있다. 티엔은 하늘, 무는 여인이라는 뜻이다. 풀이하면 '하늘 여인의 사원'이다. 전설에 따르면 어느 날 한 여인이 하늘에서 내려와 말하길, 지도자가 이곳에 사원을 지으면 나라가 평온해질 거라고 예언을 했다. 이에 응우옌 왕조 1기 1558~1777, 2기 1802~1945 1기 때 초대 황제 호앙이 1601년 사원을 건립하였다. 대표적인 볼거리는 높이 21m에 이르는 팔각칠층석탑이다. 미군의 공습에도 용케 살아남은 베트남의 대표적인 사원 건축물이다.

©Flickr_Gary Todd

티엔무 사원, 독재와 차별에 저항하다

1963년 6월이었다. 당시 베트남은 남북 전쟁 중이었다. 응오딘 지엠Ngo Dinh Diem, 1901~1963은 미국의 도움으로 남베트남 초대 대통령이 되었다. 가톨릭 신자였던 그는 지주와 기독교를 편들며 불교와 민중을 탄압했다. 1963년 6월, 참다못한 티엔무 사원의 틱 꽝득Thích Quảng Đức 스님이 파란색 오스틴 자동차를 몰고 사이공호찌민으로 향했다. 그는 캄보디아 대사관 앞에서 자신의 몸에 스스로 불을 질렀다. 그는 화염 속에서도 표정 하나 일그러짐 없이 정좌 자세로 조용히 죽음에 이르렀다. 스님의 소신공양 모습이 세계로 퍼져 나가 큰 충격을 주었다. 스님이 탔던 파란색 오스틴 자동차가 티엔무 사원에 보관돼 있다.

©Flickr_Gary Todd

©Flickr_Dennis Jarvis

📷 SPOT 03

Tomb Khai Dinh

카이딘 왕릉

◉ 카이딘 황제릉

🚶 시내에서 차량으로 남쪽으로 약 25분.
   택시 왕복 10만동 안팎

📞 +84 234 3865 830

🕐 07:00~17:00

₫ 10만동

검은 고성 같은, 그러나 내부는 화려한

카이딘 왕릉Lăng Khải Định, 랑 카이딘은 검은 고성 같은 느낌이다. 시멘트를 수입하여 만들었다. 프랑스 식민지 시절인 1916~1925년에 재위했던 응우옌 왕조 12대 황제 카이딘의 능이다. 후에 시내에서 남쪽으로 약 10km 거리에 있다. 왕릉을 향해 계단을 오르다 보면 문인석과 무인석이 먼저 나타난다. 말, 소, 코끼리 석상도 보인다. 문인석과 무인석의 키가 생각보다 작다. 당시 사람들의 실제 몸집을 그대로 재현한 까닭이다. 카이딘 황제가 키가 작아 그런 사람만 관리로 뽑았다는 설도 있다.

계단을 더 오르면 탑과 황제의 사당이 눈에 들어온다. 핵심 볼거리는 황제의 유체를 안치해 놓은 내부다. 외부와 달리 무척 화려하다. 청동에 금박으로 장식한 황제가 앉아 있다. 옥좌 18m 아래에 실제 유체가 안치되어 있다. 카이딘 왕릉은 유독 시선을 압도한다. 눈을 즐겁게 해주는 후에의 대표 명소이다.

©Flickr_Mig Gilbert

©Flickr_Clay Gilliland

📷 SPOT 04

Minh Mang Tomb

민망 왕릉

📍 Minh Mang Tomb

🚶 시내에서 차량으로 남쪽으로 약 30분.
　택시 왕복 10만동 안팎

🕐 07:00~17:00

₫ 10만동

정원은 아름답고 스토리는 재밌다

정원이 아름답고 스토리가 많은 왕릉이다. 후에에서 남쪽으로 13km 떨어져 있다. 1820~1840년에 재위한 응우옌 왕조 2대 통치자 민망의 능Lăng Minh Mạng, 랑 민망으로, 궁궐이 아닌가 싶을 정도로 꽤 넓다. 민망 왕은 외세 배척 정책으로 백성에게 칭송을 받았다. 민망하게도 수많은 후궁을 거느린 것으로도 유명하다. 자식들 또한 많았는데, 재밌는 사실은 왕의 이름을 딴 술이 있다는 점이다. 민망주라는 술인데 정력에 좋다고 하여 지금도 베트남 사람들이 즐겨 마신다.

왕릉은 왕이 생전에 직접 설계했다. 문 세 개를 지나야 입구에 도달할 수 있다. 정원과 주변의 자연경관이 무척 아름답다. 문을 하나씩 통과하다 보면 응우옌 왕조에서 가장 웅장한 능이라는 말이 실감 난다. 하지만 왕이 어디에 묻혀있는지 아는 사람이 아무도 없다. 이곳에 묻히지 않았다는 이야기도 있고, 매장 위치를 숨기기 위해 왕릉을 건설한 일꾼을 모두 죽였다는 그럴듯한 이야기도 전설처럼 구전되고 있다.

ⒸFlickr_xiquinhosilva

📷 SPOT 05

Tomb Tu Duc

뜨득 왕릉

📍 뜨득 황제릉

🚶 시내에서 차량으로 남쪽으로 약 20분.
택시 왕복 7만동 안팎

🕐 07:00~17:00

₫ 10만동

생전에 놀던 곳에 능을 만들었다

뜨득 황제Lăng Tự Đức, 랑 뜨득는 응우옌 왕조의 4대 통치자로, 재위 기간이 무려 35년1848~1883이다. 뜨득 왕릉은 응우옌 왕조의 왕릉 중 가장 완성도가 높다는 평가를 받는다. 건물 50여 개가 들어선 장대하고 아름다운 왕릉이다. 후에에서 남쪽으로 7km 떨어져 있다. 원래 이곳은 뜨득의 휴양 시설이었다. 그는 생전에 이곳에서 100명이 넘는 후궁을 거느리며 호화로운 생활을 즐겼다. 놀이와 휴양 공간이 사후에 능으로 바뀐 것인데, 화려한 사원과 누각에서 생전 생활상을 짐작할 수 있다. 많은 후궁을 거느리고 호화로운 생활을 즐겼지만, 슬프게도 그는 후세를 이을 아들을 얻지 못했다. 그런 까닭에 공덕비 문구도 왕이 직접 지었다고 한다. 왕릉은 주거 및 휴양 구역과 유해가 묻힌 묘역으로 나누어져 있다. 왕릉은 별궁 북쪽 연못을 지나면 나온다. 석조 양식으로 지은 무덤은 실제 왕이 묻힌 곳이 아니다. 민망 왕릉과 마찬가지로 정확한 매장 장소는 아무도 모른다.

©Wikimedia_ng N

📷 SPOT 06

Quoc Hoc High School

꿕혹 고등학교

📍 Quoc Hoc High School 🚶 흐엉강 남쪽 Le Loi(레로이) 거리. 왕궁에서 Cau Phú Xuân(꺼우푸쑤언) 다리 건넌 후 우회전하여 레로이 거리 따라 도보 10분

호찌민의 모교를 찾아서

후에 여행 일정에 여유가 있다면 꿕혹Quốc Học이라는 학교를 둘러보는 건 어떨까? 꿕혹은 '국학'이라는 뜻이다. 1896년에 호찌민이 공부를 했던 학교로 유명하다. 학교 본관 앞에 호찌민 동상이 있다. 붉은색 건물이 인상적인 고등학교로 후에의 뛰어난 교육열을 느낄 수 있는 곳이다. 후에 성 맞은편 흐엉강 남쪽에 있다.

©Wikimedia

📷 ONE MORE

Pham Ngu Lao Street 여행자 거리
후에의 밤을 즐기고 싶다면

방콕에는 카오산 로드, 캄보디아 씨엠립에는 펍스트리트가 있듯이 후에에도 여행자 거리가 있다. 팜응라오 거리인데, 주요 식당과 호텔, 카페와 바가 밀집해 있다. 저녁이면 세계 각국에서 온 여행자들이 산책을 하거나 식사를 하고, 때로는 쇼핑을 하며 이국의 거리를 만든다. 후에의 밤을 즐기고 싶다면 여행자 거리로 가자. 하지만 문화유산의 도시답게 카오산로드나 서울의 이태원처럼 늦은 밤까지 북적이는 것은 아니다. 자정이 다가오면 가게들이 문을 닫는다.

📍 Pham Ngu Lao, Hue 🚶 신시가지. 무엉탄 홀리데이 호텔에서 레로이(Lê Loi) 거리 따라 동쪽으로 도보 1분

흐엉강 남쪽 맛집

후에는 흐엉강을 기준으로 북과 남으로 나눌 수 있다. 북쪽이 왕궁과 성채가 있는 구시가라면 남쪽은 신시가지이다. 맛집과 호텔이 몰려 있다. 흐엉강 남쪽의 대표 맛집을 소개한다.

Serene Cuisine Restaurant

서린 쿠진 레스토랑

📍 Hue Serene Palace Hotel
🚶 왕궁에서 택시 8분. 여행자 거리에서 택시 3분 🏠 21 Lane
42 Nguyen Cong Tru street, Hue City 📞 +84 234 3948 585
💲 후에 전통 음식 세트 27만9천동(2인 세트)
🔗 http://serenecuisinerestaurant.com

흐엉강 남쪽 여행자 거리에서 가깝다. 서린 팰리스 호텔 1층에 있는 레스토랑으로 투숙객이라면 조식을 먹게 되는 곳이다. 트립어드바이저 평가에서 후에 음식점 중 당당히 1위에 오른 곳이다. 투숙객뿐만 아니라 일반 여행객도 찾아올 정도로 인기가 많다. 호텔이 골목에 있어 다소 찾기가 힘든 점이 아쉽지만, 음식 맛과 시설이 좋고 에어컨도 있어서 단점을 상쇄하고도 남는다. 무료 와이파이도 가능하다.

Nina's Cafe 니나스 카페

가게 이름은 카페지만 실제는 음식점이다. 니나의 가족이 운영하는 곳으로 예전엔 니나가 직접 서빙을 했지만, 결혼을 해서 아쉽게도 지금은 니나를 만날 수 없다. 형형색색 등이 천장을 장식하고 있다. 베트남 전통 음식과 서양 음식을 주로 판매한다. 김기연 여행 작가가 김치볶음밥 레시피를 전수해 우리의 김치볶음밥을 반갑게 만날 수 있는 곳이다. 트립어드바이저에서 매년 우수 음식점으로 손꼽히는 인기 맛집이다. 골목에 있음에도 많은 여행객이 찾는다.

📍 Nina's Cafe Hue 🚶 왕궁에서 택시 6분
🏠 16/34 Nguyễn Tri Phương, Phú Hội, Hué1
📞 +84 543 838 636 🕐 07:30~22:30
💲 분보후에 5만동, 김치볶음밥 4만동, 니나 스페셜 세트 12만동
🔗 http://ninascafe.wixsite.com/huecafe

HANH Restaurant Local Food

한 레스토랑

후에의 전통 음식 반베오, 반코아이, 넴루이를 모두 즐길 수 있는 곳은 많다. 그러나 이 세 가지 음식이 다 맛있는 식당을 찾기는 힘들다. 하지만 한 레스토랑이라면 걱정을 하지 않아도 좋다. 늘 보통 이상 맛을 내는 안정적인 맛집이다. 후에의 전통 음식을 맛보고 싶지만 입맛이 까다로운 여행자에게 추천한다. 메뉴 하나의 양이 많지 않으므로 식사를 하려면 세트메뉴 혹은 2~3개 이상을 주문하도록 하자.

📍 HANH Restaurant Local Food 🚶 왕궁에서 택시 7분
🏠 11 Đường Phó Đức Chính, Phú Hội, Tp. Huế
📞 +84 358 306 650 🕐 10:00~21:00
💲 세트메뉴 12만동(반베오, 반코아이, 넴루이 등)

Mandarin Cafe
만다린 카페

데일리 투어 예약이 가능한 여행자 카페이자 음식점이다. Mr. Cu라는 유명한 포토그래퍼가 운영한다. 내부에 들어서면 벽을 가득 채운 멋진 사진들이 시선을 사로잡는다. 규모는 그리 크지 않지만 웬만한 음식은 다 즐길 수 있다. 아침 식사도 가능하다. 식사뿐만 아니라 버스표 예약 및 데일리 투어 예약이 가능하며 여행 정보 또한 얻을 수 있다. 임페리얼 호텔 후에 근처에 있다.

📍Mandarin Cafe Hue 🚶여행자 거리(Pham Ngu Lao, Hue)에서 택시 3분. 왕궁에서 택시 5분 🏠24 Trần Cao Vân, Phú Hội, Thành phố Huế
📞+84 93 536 9303 🕐06:00~22:00 💲4만동

Seoul Restaurant 서울식당

여행지에서 한국 음식점 한 군데 정도는 알아두는 게 좋다. 현지 음식이 입에 맞지 않거나 한국 음식이 그리울 때 가기 좋다. 서울식당은 여행객이 즐겨 찾는, 후에에서 가장 먼저 자리를 잡은 한식당이다. 메뉴도 다양해 오랜만에 입맛대로 한식을 골라 먹을 수 있다. 김치찌개, 된장찌개, 순두부찌개, 황탯국, 파전, 냉면, 돼지고기볶음 등 메뉴가 다양하다. 어느 메뉴든 맛이 보통 이상이다.

📍Seoul Restaurant Hue 🚶여행자 거리(Pham Ngu Lao, Hue)에서 택시 3분. 왕궁에서 택시 8분 🏠33 Nguyễn Công Trứ tổ 13, Phú Hội 📞+84 543 931 789 💲와인삼겹살 10만동, 제육볶음 11만동, 김치찌개 10만동

Bun Bo Hue 분보후에

후에의 전통 쌀국수 분보후에로 유명한 식당이다. 분보후에는 이름에서 알 수 있듯이 후에에서 시작된 음식이다. 국수의 굵기와 질감은 일본의 소바 면과 비슷하고, 육수는 소뼈를 삶아 만든다. 레몬그라스나 칠리 같은 향신료가 사용되며, 고기 고명을 올려준다. 헤리티지 호텔Hue Heritage Hotel 근처에 있다. 호텔에서 남쪽으로 도로 따라 2분쯤 가면 된다.

📍Bun Bo Hue Ba Xuan 🚶왕궁과 여행자 거리(Pham Ngu Lao, Hue)에서 택시 5분
🏠17 Lý Thường Kiệt, Phú Nhuận, Thành phố Huế 📞+84 234 3826 460 💲4만동

Zucca Restaurant
주카 레스토랑

베트남 음식과 피자를 비롯한 이탈리안 음식이 맛있다. 후에에서 트립어드바이저 리뷰 순위 4위에 오른 맛집으로 여행자들에게 인기가 높다. 피자와 하우스 와인에 대한 평이 좋으며, 직원 친절도 평가도 높은 편이다. 흐엉강 남쪽 무엉탄 호텔에서 Đội Cung도이꿍 거리 따라 남쪽으로 1분 거리에 있다.

◎ Zucca Restaurant ⚡ 왕궁에서 택시 6분. 무엉탄 홀리데이 호텔에서 Đội Cung(도이꿍) 거리 따라 남쪽으로 1분
🏠 03 Đội Cung, Huế 0084
📞 +84 772 427 375 ⏰ 11:00~22:00
💲 피자 10~16만동, 파스타 8~12만동, 수프 5~7만동

DMZ Bar 디엠지 바

1994년에 오픈하여 25년 동안 인기를 끌고 있는 바 & 레스토랑이다. 칵테일, 맥주 같은 주류와 피자, 치킨, 아시아 푸드까지 다양한 메뉴를 판매한다. 낮에는 주로 식사를 즐기는 손님이 많고, 저녁이 되면 술을 마시는 바로 바뀐다. 밤이면 여행자들의 에너지로 가득 채워진다. 후에에서 다국적 여행자와 교류하고 싶다면 DMZ로 가면 된다.

◎ DMZ Bar ⚡ 여행자 거리(Phạm Ngũ Lão) 북쪽 초입. 왕궁에서 택시 6분
🏠 60 Lê Lợi, Phú Hội, Thành phố Huế 📞 +84 234 3993 456
⏰ 07:00~22:00 💲 피자 10~17만동, 맥주 3~7만동, 허니BBQ치킨 10만동
≡ http://dmz.com.vn

Stay

호텔과 리조트, 이제 TPO에 따라 고르자

가성비 호텔을 원하는가? 호캉스를 즐기고 싶은가? 아니면, 하루쯤
근사한 사치를 누리고 싶은가? 그래서 준비했다. 도착 첫날 묵기 좋
은 가성비 호텔부터 가격대비 만족도가 높은 도시별 가심비 호텔까
지, 세 도시의 호캉스 적격 리조트부터 지상 낙원 같은 럭셔리 리조트
까지, 타입별 숙소를 다 모았다. 이제 TPO에 따라 잠자리를 고르자.

다낭의 네 가지 타입 호텔과 리조트
호이안의 세 가지 타입 호텔과 리조트
후에의 가성비 호텔과 가심비 리조트

DA NANG
다낭의 네 가지 타입 호텔과 리조트

다낭의 숙소는 가격과 시설에 따라 네 종류로 나눌 수 있다. 가성비가 좋은 6~7만원대 호텔은 늦은 밤에 도착한 첫날에 묵기 좋다. 휴양보다 품격 있는 여행이 목적이라면 전망과 서비스가 좋은 10~15만원대 가심비 호텔을 추천한다. 20~30만원 안팎의 해변 리조트는 휴양과 호캉스에 제격이다. 그리고, 하룻밤 근사한 사치를 누리고 싶다면 럭셔리 리조트를 선택하자.

① 도착 첫날 묵기 좋은 가성비 최강 호텔
② 전망과 서비스가 좋은 가심비 호텔
③ 실속형 리조트, 가격은 합리적이고 만족도는 높다
④ 럭셔리 리조트, 하룻밤 근사한 사치를 누리자

① 가성비 호텔 도착 첫날 묵기 좋은 가성비 최강 호텔

Paris Deli Danang Beach Hotel
파리 델리 다낭 비치 호텔

미케 비치의 손꼽히는 가성비 호텔

다낭의 4성급 호텔 중에서 손꼽히는 가성비 호텔이다. 파리 델리의 장점은 22층에 있는 루프톱 풀장에서 아름다운 미케 비치를 마음껏 바라볼 수 있다는 것이다. 객실 뷰 또한 뛰어나다. 비치 전망을 제대로 즐기고 싶다면 씨 프론트 프리미어 룸을 추천한다. 파리 델리는 4성급에서는 보기 힘들 만큼 객실이 만족스럽다. 세면도구 등 넉넉한 어메니티Amenity, 편의용품 용품도 제공해준다. 메일로 사전 요청 시, 공항 픽업 및 센딩 서비스를 편도 1회 무료로 이용할 수 있다.

◎ 파리스델리 다낭 비치호텔 ⚐ 공항에서 차로 15분 ⌂ 236 Võ Nguyên Giáp, Phường Phước Mỹ ☎ +84 236 3896 666 ⏰ 체크인·아웃 14:00, 12:00 ⓓ 1박에 60불(프로모션 기준 최저가) ≡ http://parisdelihotel.com

> **호이안 셔틀버스 운행 정보**
> 호텔에서 호이안까지 하루 3번 유료 셔틀버스를 운행한다. 가격은 왕복 15만동으로 택시비보다 저렴하다. 호텔 출발 10:15, 14:15, 16:15. 호이안 출발 15:00, 19:30, 21:00

Brilliant Hotel 브릴리언트 호텔
전망이 좋은 한강 변 4성급 호텔

한강 서쪽 강변에 있어서 경치가 정말 좋다. 리버 뷰 객실에서 한강과 용다리 전망을 즐길 수 있다. 강변을 산책하기도 좋고 관광 명소인 다낭 대성당과 한 시장이 2~3분 거리에 있어서 도보 이동이 가능하다. 호텔 앞에 택시가 항상 대기하고 있으므로 멀리 이동할 때도 편리하다. 가격은 합리적이고 서비스와 객실, 조식이 만족감을 더해준다. 단점이라면 실내 수영장이 조금 작다는 점이다.

ⓥ 브릴리언트호텔 ★ 한 시장과 다낭 대성당에서 200m. 다낭 공항에서 차로 10분 ⌂ 162 Bạch Đằng, Hải Châu 1, Hải Châu ☎ +84 236 3222 999 ⏲ 체크인·아웃 14:00, 11:00 ₫ 55불(최저가) ≡ http://brillianthotel.vn

Stay Hotel 스테이 호텔
가격 대비 만족도 높은 호텔

다낭 북쪽 한강 하구 근처에 있다. 한강 하구와 다낭 만이 만나는 바닷가에서 가깝다. 스테이 호텔 최고의 장점은 가격 대비 만족도가 높다는 점이다. 직원들은 친절하고 서비스도 좋다. 객실도 깔끔하다. 시내 호텔에서 보기 힘든 야외 수영장을 갖추고 있으며, 베이비시팅 서비스가 잘 갖추어져 있어 가족 여행자들에게 인기가 많다.

ⓥ 스테이 호텔 ★ 다낭 공항에서 택시 12분 ⌂ 119 Đường 3 Tháng 2, Thuận Phước, Hải Châu ☎ +84 236 3861 861 ⏲ 체크인·아웃 14:00, 12:00 ₫ 50불(최저가) ≡ https://stayhotel.com.vn

Minh Toan Galaxy Hotel 민토안 갤럭시 호텔
가성비 좋은 4성급 호텔

4성급 중에서 가성비 최강 호텔이다. 체인 호텔로 서비스, 객실 만족도가 높다. 보기 좋게 꾸며진 수영장이 만족도를 더 높여준다. 롯데마트와 아시아 파크, 썬휠 관람차가 도보로 15~20분, 택시로 5분 거리에 있다. 다소 아쉬운 점은 다낭 중심부에서 남쪽으로 조금 떨어져 있다는 것이다. 하지만 가격과 시설이 좋고, 다낭 공항에서 가까워 도착 첫날 숙박하기에는 그만이다.

ⓥ 민토안 갤럭시 호텔 ★ 다낭 공항에서 차량으로 9분 ⌂ 306 2 Tháng 9, Hoà Cường Bắc, Hải Châu ☎ +84 2363 66 22 88 ⏲ 체크인·아웃 14:00, 12:00 ₫ 50불(최저가) ≡ http://minhtoangalaxyhotel.vn

Grand Muong Thanh Da Nang 무엉탄 다낭 호텔
트리플 룸을 갖춘 4성급 호텔

무엉탄 다낭 호텔은 한강 사랑의 부두에서 동쪽으로 도보로 7분 거리에 있다. 이 호텔의 장점은 싱글 베드가 3개 놓인 제대로 된 트리플 룸을 보유하고 있다는 점이다. 일반 호텔이나 리조트에선 성인 3명이면 보통 방 2개를 잡아야 하는데 이곳에선 트리플 룸 한 개만 잡아도 투숙할 수 있다. 가격은 합리적이지만 조식은 다소 만족스럽지 못하다.

ⓥ Grand Muong Thanh Da Nang ★ 용다리 동단에서 북동쪽으로 도보 8분. 공항에서 택시 15분 ⌂ 962 Ngô Quyền, An Hải Bắc, Sơn Trà ☎ +84 236 3929 929 ⏲ 체크인·아웃 14:00, 12:00 ₫ 50불(최저가) ≡ http://granddanang.muongthanh.com

Vanda Hotel 반다 호텔

도심 산책하기 딱 좋은

다낭의 랜드마크 용다리와 가깝다. 용다리까지 걸어서 5분이다. 다낭 대성당과 참 박물관, 콩 카페까지 도보로 갈 수 있다. 객실은 슈페리어, 디럭스, 패밀리 주니어 스위트, 그랜드 스위트가 있다. 슈페리어 룸은 시티 뷰이다. 용다리가 보이는 리버 뷰를 원한다면 디럭스 이상의 객실을 예약하자. 가족 여행객이라면 패밀리 주니어 스위트를 추천한다. 수영장은 실내에 있다. 확 트인 전망을 원한다면 19층 탑뷰 바 16:00~23:00를 찾아가자.

⊙반다 호텔 ✚용다리에서 도보 서쪽으로 5분 소요 ⌂ 3 Nguyễn Văn Linh, Phước Ninh, Hải Châu 📞 +84 236 3525 969 ⏰체크인·아웃 14:00, 12:00 ₫60불(최저가) 〓 www.vandahotel.vn

Danang Riverside Hotel 다낭 리버사이드 호텔

객실에서 용교 불 쇼를 감상하자

다낭 리버사이드는 가성비가 좋은 3성급 호텔이다. 용다리 동단에서 가까워 주말에 열리는 용다리 불 쇼를 객실에서 즐길 수 있다. 가격 대비 서비스와 룸 컨디션이 만족스럽다. 또 호텔 밖 한강 주변을 산책하기도 좋고, 3성급 호텔에서는 보기 힘든 야외 수영장까지 보유하고 있으니 이 정도면 알짜배기 호텔이 아닐까?

⊙다낭 리버사이드 호텔 ✚미케 비치 방향으로 용다리를 건너 좌측. 공항에서 택시 15분 ⌂ Lô A30, Đường Trần Hưng Đạo, An Hải Trung, Sơn Trà 📞 +84 236 3946 666 ⏰체크인·아웃 14:00, 12:00 ₫40불(최저가) 〓 http://www.danangriversidehotel.com.vn

② 가심비 호텔 전망과 서비스가 좋은 가심비 호텔

Novotel Danang Premier
노보텔 다낭 프리미어

> **셔틀버스 운행 정보**
> 하루 3회 호이안행 유료 셔틀버스를 운행한다. 호텔 출발 10:10, 14:10, 16:10. 호이안 출발 15:00, 19:00, 21:00. 비용은 왕복 성인 15만동이다. 미케 비치의 프리미어 빌라지 리조트의 전용 비치도 이용할 수 있다. 하루 4회 미케 비치 무료 셔틀버스를 운행한다.

다낭의 최고 야경을 즐기고 싶다면

다낭 시내의 대표 호텔이다. 시내 한복판 시청 건물과 나란히 서 있다. 월등히 높은 건물이라 밤에 더욱 눈에 띈다. 한강 주변에 위치하여 산책을 즐기기도 좋고, 한강 크루즈 선착장이 가까워 야경 유람선 투어를 하기에 편리하다. 스파와 키즈 클럽도 운영하고 있다. 또 36층 스카이라운지도 유명하다. 야경을 즐기기엔 이만한 곳이 없다. 투숙객이 아니라도 입장이 가능하다. 다만 루프톱 바의 음악 소리가 커서 20층 이상은 피하는 게 좋다.

⊙노보텔 다낭 ✚한강 서쪽 다낭 시청 옆. 다낭 공항에서 택시 7분 ⌂ 36 Bạch Đằng, Thạch Thang, Hải Châu 📞 +84 236 3929 999 ⏰체크인·아웃 14:00, 12:00 ₫슈페리어 기준 115불(최저가) 〓 http://www.novotel-danang-premier.com

A La Carte Danang Beach
알라카르트 다낭 비치 호텔

미케 해변을 그대 품 안에

미케 해변에 있는 멋진 호텔이다. 인피니티 수영장도 멋지다. 호텔을 벗어나면 씨푸드 식당이 많아 맛집 투어에도 제격이다. 저녁엔 호텔 최고층에 있는 루프톱 바 더 탑The Top을 방문해보자. 미케 비치가 한눈에 들어온다. 선짜 반도와 시내 일부도 감상할 수 있다. 인생 사진을 찍기 위해 일부러 들르는 여행객도 꽤 많다. 시내와 린응사로 이동하기도 편리하다. 스파와 키즈클럽도 운영 중이다.

⊚ 알라까르트 호텔 다낭 비치 🏃 미케 비치 옆. 다낭 공항에서 택시 15분
🏠 200 Võ Nguyên Giáp, Phước Mỹ, Sơn Trà
📞 +84 236 3959 555 🕐 체크인·아웃 14:00, 11:00
💲 80불(최저가) 🔗 http://alacarteliving.com

셔틀버스 운행 정보
다낭 공항, 호이안, 오행산, 다낭 시내로 유료 셔틀버스를 운행한다. 요금 및 예약, 운행 시간은 안내데스크에 문의

Fusion Suites Danang Beach
퓨전 스위트 다낭 비치

⊚ 퓨전 스위트 다낭 비치
🏃 미케 비치 북쪽. 다낭 공항에서 택시 16분
🏠 Võ Nguyên Giáp An Cu 5 Residential
📞 +84 236 3919 777
🕐 체크인·아웃 14:00, 12:00
💲 119불(최저가)
🔗 http://fusionsuitesdanangbeach.com

루프톱 바와 수영장이 특별한

미케 비치에 있는 5성급 호텔이다. 아이를 동반한다면 오션 스위트룸으로 예약하자. 2층 침대가 제공되어 잠자리가 넉넉하다. 루트탑 바 '젠'Zen이 있다. 알라카르트의 루프톱 바와 흡사하지만 한층 업그레이드되었다. 미케 비치 바로 앞에 있는 야외 수영장은 마치 바다와의 경계가 느껴지지 않는 인피니티 풀을 연상시켜 인기가 좋다. 투숙객은 무료 발 마사지를 받을 수 있다. 객실에 취사할 수 있는 주방 시설을 갖추고 있다.

호이안 셔틀버스 운행 정보
하루 1회 호이안 유료 셔틀버스를 운행한다. 호텔 출발 14:00, 호이안 출발 20:00. 요금은 편도 10만동, 왕복 15만동이다. 사전 예약 필수

Holiday Beach Danang
Hotel & Resort
홀리데이 비치 다낭 호텔

◎ 홀리데이 비치 다낭 호텔
🏃 미케 비치 옆. 다낭 공항에서 택시로 약 12분
🏠 My Khe Beach, 300 Võ Nguyên Giáp, Bắc Mỹ Phú
📞 +84 236 396 7777
🕐 체크인·아웃 14:00, 12:00
💲 70불(최저가)
☰ http://holidaybeachdanang.com

호이안행 무료 셔틀버스를 운행한다

미케 비치와 도로 하나를 사이에 두고 있는 4성급 호텔이다. 홀리데이 비치 다낭의 장점은 오션 뷰 객실에서 바라보는 바다 전망이 훌륭하다는 점이다. 또 하나의 장점으로는 전용 비치를 꼽을 수 있다. 또 투숙객의 편의를 위해 한 시장과 호이안으로 가는 무료 셔틀버스를 운영하고 있다. 셔틀버스 운행 시간은 미리 직원에게 확인하자. 바나 힐과 린응사 유료 셔틀버스도 운행한다.

> **셔틀버스 운행 정보**
> 호이안 올드 타운까지 하루 1회 무료 셔틀버스를 왕복 운행한다. 바나 힐과 린응사로는 하루 1회 유료 셔틀버스를 운행한다. 사전 예약 필수

Grand Mercure Danang
그랜드 머큐어 다낭

◎ 그랜드머큐어다낭
🏃 공항에서 차량으로 7분
🏠 Zone of the Villas of Green Island, Lot A1
📞 +84 236 3797 777
🕐 체크인·아웃 14:00, 12:00
💲 105불(최저가)

5성급이지만 비교적 저렴한

한강의 쩐티리Cầu Thị Lý 다리 인근 그린 아일랜드라는 작은 섬에 있는 프랑스 호텔 체인 아코르 계열 5성급 호텔이다. 현대적이고 밝은 느낌이 나는 세련된 호텔이다. 5성급 호텔이지만 투숙 비용이 저렴해 인기가 높다. 고층 객실의 경우, 리버 뷰 전망이 다낭에서 가장 뛰어나다. 아쉬운 점은 무더운 날엔 시내까지 걸어가기엔 다소 멀다는 점이다. 택시 혹은 호텔에서 운영하는 무료 셔틀버스를 이용하는 것이 좋다.

> **셔틀버스 운행 정보**
> 08:00~18:00까지 2시간 간격으로 시내를 순회하는 무료 셔틀버스를 운행한다. 경로는 호텔-참 박물관-한 시장-미케 비치-아시아파크-호텔이다. 1시간 전 예약 필수

③ **실속형 리조트** 가격은 합리적이고 만족도는 높다

Risemount Resort Da Nang
라이즈마운트 리조트

◉ 다낭 라이즈마운트 리조트
🏃 다낭 공항에서 택시로 약 12분
🏠 120 Nguyễn Văn Thoại, Bắc Mỹ Phú
📞 +84 236 3899 999
🕐 체크인·아웃 14:00, 12:00
♂ 100불(최저가)
☰ http://risemountresort.com

산토리니에서 영감을 받은

가격 대비 만족도가 높은 실속형 리조트이다. 한강과 미케비치 사이에 있는 도심 속 리조트지만 해변에 있는 리조트 못지않게 휴양지 느낌이 물씬 난다. 그리스의 산토리니에서 영감을 받아 외부를 블루와 화이트칼라로 마감하였다. 디자인과 실내장식이 화사하고 깔끔하다. 특히 로비에서 이어지는 풀장이 아름다우며, 루프톱에도 풀장이 있다. 주로 커플이나 친구끼리 많이 머물지만, 킹 베드와 트윈 베드로 구성한 레지던스 룸이 있고, 키즈클럽도 있어 아이 동반 여행객도 많이 찾는다. 추천할만하다. 미케 비치가 걸어서 10분 거리에 있다.

> **셔틀버스 운행 정보** 리조트와 다낭 공항 사이 셔틀버스를 하루 3회 무료 운행한다. 리조트 출발 6:30, 10:15, 15:30. 공항 출발 8:00, 11:45, 16:15

Pullman Danang Beach Resort
풀먼 다낭 비치 리조트

◉ 풀먼 비치 리조트 다낭
🏃 다낭 공항에서 택시 15분. 다낭 시내에서 택시 10분
🏠 101 Vo Nguyen Giap, street, Đà Nẵng
📞 +84 236 3958 888
🕐 체크인·아웃 15:00, 12:00
♂ 250불(최저가)
☰ http://www.pullman-danang.com

전용 비치를 갖춘 고급 리조트

미케 해변에 있는 고급 리조트이다. 미케 해변에 전용 비치를 보유한 리조트 중에서 시내 근접성이 좋다. 프랑스의 호텔 체인인 아코르 계열 리조트이다. 지리적 조건이 좋고, 객실의 컨디션, 직원들의 서비스가 훌륭하다. 다만 수영장이 긴 직사각형 형태여서 자유롭게 수영을 즐기기에는 조금 불편하다. 레스토랑, 바, 비치 라운지, 키즈클럽을 보유하고 있다. 스파, 피트니스, 테니스, 해양 액티비티가 가능하다.

> **셔틀버스 운행 정보** 다낭 공항 하루 14회성인 편도 5만동, 호이안 하루 2회 유료 셔틀버스성인 편도 8만동를 운행한다. 리조트 출발 10:00, 14:15. 호이안 출발 15:00, 21:15

Furama Resort Danang
푸라마 리조트 다낭

◎ 푸라마 리조트 다낭
⚐ 다낭 공항에서 택시 15분
⌂ 103-105 Vo Nguyen Giap Street, Khue My Ward
☎ +84 236 3847 333
◷ 체크인·아웃 14:00, 11:00
₫ 190~200불(최저가)
≡ http://www.furamavietnam.com

씨푸드 뷔페가 남다른

베트남 전통의 느낌이 강한 5성급 호텔이다. 푸라마의 장점을 꼽아본다면 전 객실에 발코니가 있다는 점이다. 발코니 하나만으로도 한층 더 낭만과 여유를 느끼게 해준다. 아이들 전용 풀장과 키즈클럽이 있어서 가족여행에도 적합하다. 산책로가 넓어 아침저녁으로 이국의 아름다움을 만끽할 수 있다. 다낭 리조트 중에서 해산물 뷔페를 초창기부터 선보인 곳이라 그 맛이 남다르다. 현지 음식이 입에 맞지 않는 사람에게 추천할만하다. 전용 비치를 보유하고 있으며, 스파, 해양 액티비티, 테니스, 사우나, 쿠킹 클래스 등이 가능하다.

> **셔틀버스 운행 정보** 하루 2회 다낭 공항과 호이안으로 무료 셔틀버스를 운행한다. 예약, 운행 시간은 프런트 데스크에 문의

Hyatt Regency Danang Resort
하얏트 리젠시 다낭 리조트

① **호이안 유료 셔틀버스** 리조트와 호이안 사이 유료 셔틀버스를 하루 3회 운행한다. 리조트 출발 10:00, 14:00, 17:00. 호이안 출발 11:00 15:00, 18:00. 요금은 성인 기준 편도 8만동이다. 호이안 올드 타운 야경을 감상하려면 오후 5시 셔틀을 타면 좋다. 올 때는 셔틀이 없으므로 택시를 타야 한다.
② **실속 숙박 팁** 12살 이상의 아이를 포함한 성인 3인은 일반 게스트 룸을 이용할 수 없다. 빌라 또는 레지던스 룸을 선택해야하는데 비용을 생각하면 레지던스 룸이 합리적이다.

모던함의 끝을 보여준다

외관과 객실 디자인의 세련미가 돋보여 커플들이 선호한다. 논느억을 전용 비치로 사용하고 있다. 게스트 룸, 프라이빗 풀 빌라, 레지던스 룸을 갖추고 있다. 작은 테라스 공간을 별도로 두어 바다를 바라보기에 좋다. 아침 식당이 붐비는 편이다. 조금 서두르면 여유롭게 식사를 즐길 수 있다. 키즈 풀장·워터슬라이드·피트니스 센터·테니스 코트·스파 등 다양한 부대시설과 레스토랑, 베이커리 등을 갖추고 있다. 하루 전에 예약하면 요가, 수영, 태극권, 연날리기 같은 액티비티를 즐길 수 있다.

◎ 하얏트리젠시다낭 ⚐ 다낭 시내에서 택시 10분. 공항에서 택시로 17분
⌂ 5 Truong Sa St, Danang ☎ +84 236 3981 234 ◷ 체크인·아웃 15:00, 12:00
₫ 게스트 룸 230불(최저가) ≡ https://www.hyatt.com/ko-KR/home

Olalani Resort & Condotel
올라라니 리조트

전용 비치와 수영장이 특별한

전용 비치를 갖춘 5성급 리조트이다. 객실은 호텔, 콘도, 빌라로 구성되어 있다. 퓨전 마이아 리조트 옆에 있다. 모든 면에서 좋은 평가를 받는 안정감 있는 휴양 리조트이다. 올라라니 리조트의 특별한 장점은 수영장이다. 곡선 형태의 크고 작은 수영장이 물길을 따라 이어져 있어서 물놀이를 즐기거나 수영을 하는 맛이 특별하다. 수영을 좋아하는 여행자에게 추천한다. 카약, 제트스키 등 다양한 액티비티를 즐길 수 있다.

◎ Olalani Resort & Condotel ⚐ 다낭 공항에서 택시로 15분 ⌂ 111 Vo Nguyen Giap St., Khue My Ward ☎ +84 236 3981 999 ⏰ 체크인·아웃 14:00, 12:00 ₫ 150불(최저가)
≡ http://www.olalani.com

셔틀버스 운행 정보
다낭 공항 유료 셔틀버스를 운행한다. 예약, 운행 시간은 프런트 데스크에 문의

Vinpearl Luxury Da Nang
빈펄 리조트 다낭

베트남 최고 체인 리조트

빈펄 리조트는 미케 비치 남쪽 논느억 해안에 있다. 전용 비치를 보유하고 있다. 오행산에서 가까우며, 호이안을 여행하기에 위치가 좋다. 가까이에 있는 하얏트와 함께 대중적으로 사랑받는 리조트이다. 넓은 로비와 높은 천장, 베트남 전통 스타일의 인테리어가 돋보인다. 웅장하고 화려해 중장년층이 선호한다. 확 트인 야외 풀장과 풀장 너머로 보이는 논느억 비치가 매력적이다. 200개 객실과 개인 수영장을 갖춘 단독 빌라 39채가 있다. 모든 객실에 발코니가 있어서 차나 커피를 마시며 전망을 즐기기에 좋다. 레스토랑과 바, 키즈클럽·피트니스 센터·테니스 코트·스파 등 부대시설을 갖추고 있다. 요가, 수영 같은 액티비티를 즐길 수 있다.

◎ 빈펄 리조트 다낭 ⚐ 공항에서 택시로 17분 ⌂ No 7 Truong Sa Street Hoa Hai Ward ☎ +84 236 3968 888 ⏰ 체크인·아웃 14:00, 12:00 ₫ 1박에 170불(최저가) ≡ http://vinpearl.com

호이안 셔틀버스 운행 정보
09:30부터 21:30까지 하루 6회 왕복 유료 셔틀버스를 운행한다. 요금은 왕복 10만동이고, 5세 이하 어린이는 무료이다. 리조트 2층 안내 데스크에서 예약하면 된다. 이용객이 많으므로 하루 전에 예약하는 게 좋다.

Sheraton Grand Danang Resort
쉐라톤 그랜드 다낭 리조트

① 레스토랑과 이벤트 매주 토요일마다 'Table 88' 레스토랑에서 'Seafood Madness Buffet'가 열린다. 꽃게부터, 바닷가재, 굴, 홍합 등 여러 해산물을 한자리에서 즐길 수 있다. 커플을 위한 특별한 저녁 식사로는 Private BBQ Dinner가 있다. 리조트 앞 해변에서 즐기는 바비큐 파티이다. 와인과 함께 특별한 커플 이벤트를 즐길 수 있다.

② 액티비티 프로그램 매일 아침 6시 30분부터 오후 5시까지 명상, 요가, 바구니 배 체험, 더블카약, 패들 보드, 세일링 보트, 수영 등 다채로운 액티비티 프로그램을 진행한다.

250m 수영장이 압권이다

미케 비치 남쪽 논느억 비치에 있다. 수영장을 1순위로 꼽는 여행자라면 쉐라톤 리조트가 최고의 선택이 될 것이다. 수영장 길이가 무려 250m에 이른다. 투숙객이 많아도 붐비지 않아 언제든지 편하게 이용할 수 있다. 차로 5분 거리에 마블 마운틴이 있고, 골프장과는 더 가깝다. 6개 다이닝 시설도 쉐라톤의 장점 중 하나이다. 뷔페와 동서양의 음식들, 에프터눈 티 등을 취향에 맞게 즐길 수 있다. 일부는 홈페이지에서 예약도 가능하다. 액티비티 프로그램도 많다. 아침부터 늦은 오후까지 다양한 액티비티를 체험할 수 있다.

◎ 쉐라톤 그랜드 다낭 리조트
🚶 오행산에서 차로 5분. 다낭 공항에 차로 25분
🏠 Sheraton Grand Danang Resort, 35 Trường Sa, Street
📞 +84 236 3988 999 ⏰ 체크인·아웃 15:00, 12:00 💲 게스트 룸 210불
☰ sheratongranddanang.com

The Ocean Villas Danang
오션 빌라

호이안 셔틀버스 운행 정보
호이안 무료 셔틀버스를 운행한다. 운행 시간은 프런트 데스크에 문의

수영장을 갖춘 해변 독채 빌라

독립된 공간에서 푹 쉬고 싶다면 오션 빌라 만한 곳이 없다. 오션 빌라는 빌라형 리조트의 전형을 보여준다. 침실과 개인 수영장, 거실, 그리고 조리 도구와 주방용품까지 모두 갖추고 있다. 바닷가에 있는 고급 펜션 독채를 빌린 듯한 기분을 낼 수 있다. 1베드 룸부터 5베드 룸까지 다양한 객실을 보유하고 있으므로 인원에 맞게 택하면 된다. 미케 비치 남쪽 논느억 해변에 있다. 서쪽 도로 건너편에 다낭 골프 클럽이 있어 골프 여행객에게 안성맞춤이다. 편의점, 키즈클럽, 테니스 코트를 갖추고 있다. 스파와 액티비티 프로그램도 진행한다.

◎ 오션 빌라 🚕 다낭 공항에서 택시 27분 🏠 Truong Sa Street, Hoa Hai Ward, Ngu Hanh Son District 📞 +84 236 3967 094 ⏰ 체크인·아웃 14:00, 12:00
💲 1베드룸 130불(최저가) ☰ http://theoceanvillas.com.vn

Intercontinental Danang Sun Peninsula
인터컨티넨탈 다낭 리조트

지상낙원 같은 초특급 리조트

인터컨티넨탈 리조트는 다낭 최고의 바다 전망을 자랑한다. 200여 객실은 모두 오션 뷰이다. 호텔·리조트 전문 건축 디자이너 빌 벤슬리Bill Bensley의 작품으로, 원숭이와 전통 모자 '농' 등 베트남의 이미지에서 영감을 얻은 건축 디자인이 돋보인다. 특히 천국, 하늘, 땅, 바다를 테마로 산부터 바다까지 리조트를 4단으로 구성해놓았는데, 케이블카를 타고 오르내리는 구조가 굉장히 인상적이다. 4단에서 내려올 때 눈앞으로 펼쳐지는 바다 전망이 정말 환상적이다. 위치도 매력적이다. 다낭 시내와 미케 해변의 번잡함을 피해 선짜 반도의 몽키 마운틴 뒤편에 꼭꼭 숨어 있다. 시내에서 17km 떨어진 한적한 해변에 은밀하게 숨어 있어서 휴양을 즐기기에 최적이다. 리조트에 한국 직원이 상주하므로 언어 때문에 겪는 불편을 최소화할 수 있다.

◎ Inter Continental Danang 🏃 다낭 공항에서 차량으로 약 25분
🏠 Bai Bac, Son Tra Peninsula 📞 +84 236 393 8888
🕐 체크인·아웃 14:00, 12:00 ₫ 1박 500불(최저가)
☰ http://danang.intercontinental.com

≫ TRAVEL TIP

❶ **무료 셔틀버스** 오전 10시부터 오후 6시 30분까지 하루 12회 리조트-다낭 시내-호이안-다낭 시내-리조트 코스로 무료 셔틀버스를 운행한다. 셔틀버스 출·도착 정보는 리조트에 상주하는 한국 직원에게 문의하면 된다. 출발 하루 전에 예약하자.

❷ **부대시설과 레스토랑** 전용 비치, 수영장, 스파, 헬스 및 스포츠 센터, 키즈클럽, 노래방, 다낭 공항 라운지 등 거의 모든 부대시설을 갖추고 있다. '라메종 1888'을 비롯하여 식당 세 곳과 바 두 곳을 갖추고 있다. 조식은 룸배달도 가능하다.

❸ **체험과 액티비티 프로그램** 카약, 바구니 배 체험, 스노클링, 자전거, 요가 등을 무료로 즐길 수 있다. 유료 쿠킹 클래스도 있다.

Fusion Maia Danang Resort
퓨전 마이아 리조트

허니무너의 로망, 개인 풀장까지 갖춘

풀 빌라 하면 미케 비치 남쪽에 있는 퓨전 마이아를 빼놓을 수 없다. 독채 빌라와 개인 풀장은 물론이고 아시아 최초로 올 인클루시브All inclusive 서비스를 도입하여 허니무너들에게 사랑받는 리조트가 되었다. 모든 걸 포함하는 서비스를 뜻하는 '올 인클루시브'에는 시간과 장소에 상관없이 자유롭게 먹을 수 있는 식사가 포함되어 있다. 식당이 아니라도 괜찮다. 룸서비스는 물론 심지어 해변에서 주문해도 서비스가 뛰어나다. 리조트와 연계된 호이안의 퓨전 카페에서 아침 식사를 해도 된다.

무료 스파는 퓨전 마이아의 일등 자랑거리다. 한번이 아니라 하루 2회 무료로 스파를 즐길 수 있다. 여행의 피로를 풀어주고 심적으로 안정감을 주기에 투숙객들의 만족도가 상당하다. 액티비티 프로그램도 다양하다.

ⓞ Fusion Maia Danang Resort
🏃 다낭 공항에서 차량으로 15분 🏠 Võ Nguyên Giáp, Khuê Mỹ, Ngũ Hành Sơn
📞 +84 28 3910 1000 🕐 체크인·아웃 14:00, 12:00 ₫ 약 450불(최저가)
☰ http://www.fusionmaiadanang.com

≫ TRAVEL TIP

① 스파 운영 시간 및 종류 오전 10시부터 오후 8시까지 운영한다. 스파의 종류는 무려 19가지다. 소요 시간은 30분부터 2시간까지 다양하다.

② 액티비티 프로그램 프로그램 운영 시간은 오전 7시 30분부터 오후 6시까지이다. 요가나 태극권처럼 활동적인 프로그램부터 라이브 공연까지 운영하고 있다. 무료로 가볍게 사이클링을 즐길 수도 있다.

③ 호이안 무료 셔틀버스 호이안까지 하루 4회 무료 셔틀버스를 왕복 운행한다. 리조트와 연계된 호이안 올드 시티의 퓨전 카페구글좌표 Fusion Cafe Hoi An도 찾아보자. 리조트 대신 이곳에서 조식을 무료로 먹을 수 있으며, 카페 무료 이용, 무료 자전거 대여도 가능하다.

호이안의 숙소는 두 군데, 해변과 올드 타운에 몰려있다. 안방 비치와 끄어다이 비치에는 리조트가 많고, 올드 타운엔 호텔이 많은 편이다. 가심비 좋은 해변의 리조트와 가성비 높은 올드 타운의 숙소를 소개한다.

① 해변의 멋진 리조트
② 올드 타운의 가심비 호텔
③ 가성비 좋은 올드 타운 숙소

① 해변 리조트 안방 비치와 끄어다이 비치의 멋진 리조트

Four Seasons Resort The Nam Hai
포시즌 리조트 남하이 호이안

안방 비치의 환상적인 초특급 리조트

1베드 룸 60개와 풀 빌라 40개로 이루어져 있다. 풀 빌라는 1베드 룸부터 5베드 룸까지 객실 크기가 다양하다. 수영장은 2층으로 된 계단형이다. 수영장이 끝나는 곳은 푸른 바다다. 최고의 리조트에 왔다면 스파도 즐겨보자. 물과 야자수가 조화를 이루고 있는 오픈 스파 룸은 그 자체로 환상적이고, 서비스도 그에 못지않게 만족스럽다. 전용 해변, 레스토랑, 사우나, 배드민턴장, 테니스장, 키즈클럽 등을 갖추고 있다. 자전거 무료대여도 가능하다.

◎ 포시즌 리조트 남하이 호이안 ☀ 다낭 공항에서 차량으로 35분. 호이안 올드 타운에서 차량으로 20분 ⌂ Block Ha My Dong B, Điện Dương, Điện Bàn ☎ +84 235 3940 000
⌚ 체크인·아웃 14:00, 12:00 ₫ 610불(최저가) ⊟ https://www.fourseasons.com/hoian

---

»TRAVEL TIP

① 도움이 필요하면 한국 직원에게
한국인 직원이 상주하고 있다. 필요한 게 있으면 한국인 직원에게 도움을 청하자.

② 올드 타운 무료 셔틀버스
오전 10시부터 밤 9시까지 호이안 올드 타운으로 무료 셔틀버스를 하루 4회 운행한다. 예약 및 운행 시간 확인은 안내 데스크에서 하면 된다.

③ 공항 픽업 서비스
풀 빌라 투숙객에게 다양한 VIP 서비스를 제공하고 있다. 공항 픽업과 센딩 서비스, 세탁 및 집사 서비스, 조식 룸서비스 등을 받을 수 있다.

Palm Garden Resort
팜 가든 리조트

📍 Palm Garden Resort Hoi An
🏃 다낭 공항에서 차량으로 약 35분.
　 호이안 올드 타운에서 15분
🏠 Lac Long Quan St., Cua Dai Beach, Hoi An
📞 +84 235 3927 927
🕐 체크인·아웃 14:00, 12:00
💲 125불(최저가)
≡ http://www.palmgardenresort.com.vn

수목원 같은 5성급 리조트
끄어다이 비치 위쪽에 있다. 리조트 이름에서 알 수 있듯이 수목원 같은 리조트이다. 꽃과 나무를 잘 가꾸어 놓아 아름다운 정원에 온 듯한 느낌이 든다. 공간이 넓어 아이들이 뛰어놀기 좋다. 슈페리어 룸부터 스위트 룸까지 214개 객실을 갖추고 있다. 윈드서핑, 카약, 제트 스키를 즐길 수 있고, 스파도 가능하다. 투숙객 대부분이 외국인이라 한국인이 많은 리조트를 피하고 싶은 사람에게 적합하다. 키즈클럽도 갖추고 있다.

> **투어 프로그램과 무료 셔틀버스** 호이안 올드 타운, 미썬 유적지, 마블 마운틴을 여행하는 투어 프로그램을 진행하고 있다. 또 올드 타운까지 하루 4회 무료 셔틀버스를 운행한다. 자전거 대여는 유료이다.

Sunrise Premium Resort Hoi An
선라이즈 프리미엄 리조트 호이안

📍 썬라이즈 프리미엄 리조트 호이안
🏃 다낭 공항에서 차량으로 약 35분.
　 호이안 구시가지에서 차로 15분
🏠 Sunrise Premium Resort Hội An, Âu Cơ, Cua Đại
📞 +84 235 3937 777
🕐 체크인·아웃 12:00, 12:00
💲 115불(최저가)
≡ http://sunrisehoian.vn/ko

실속형 5성급 리조트
끄어다이 비치 중간에 있는 베트남 토종 리조트다. 다른 5성급 리조트보다 실속형으로, 비용을 절감하면서 특급 리조트에 머물고 싶다면 선라이즈 만한 곳도 없다. 호이안 올드 타운까지 차량으로 15~20분 거리여서 휴양과 해양 스포츠, 관광을 겸하기에 제격이다. 수영장, 키즈풀, 키즈클럽, 레스토랑, 바, 스파 등을 갖추고 있다. 끄어다이 비치를 전용 해변으로 사용하고 있다.

> **올드 타운 셔틀버스와 투어 프로그램**
> 10시부터 21시까지 올드 타운 유료 셔틀버스를 하루 8회 운행한다. 또 리조트에서 호이안 구시가지 투어를 비롯해 다양한 프로그램도 진행한다.

Boutique Hoi An Resort
부티크 호이안 리조트

📍 Boutique Hoi An Resort
🚶 공항에서 차량으로 약 35분. 호이안 구시가지에서 16분
🏠 34 Lac Long Quan Street, Ward Cam An
📞 +84 235 3939 111
🕐 체크인·아웃 14:00, 12:00
💲 115불(최저가)
☰ http://www.boutiquehoianresort.com

끄어다이 비치의 4성급 리조트

팜 가든 리조트 위쪽에 있다. 외국인이 비교적 많은 편이다. 한국인이나 패키지 여행객이 많은 리조트를 피하고 싶은 사람에게 추천할만하다. 리조트 전용 비치를 보유하고 있다. 화이트 칼라 중심으로 꾸민 실내가 시원하고 깔끔한 느낌을 준다. 디럭스룸부터 풀 빌라까지 객실 선택의 폭이 넓다. 수영장, 스파, 레스토랑, 바, 다양한 액티비티 프로그램을 갖추고 있다.

> **투어 프로그램과 올드 타운 셔틀버스**
> 부티크 호이안 리조트는 올드 타운, 미썬 유적지, 선셋 크루즈 등 제법 많은 투어 프로그램을 운영하고 있다. 올드 타운까지 하루 6~8회 유료 셔틀버스를 운영한다.

Victoria Hoi An Beach Resort
빅토리아 호이안 비치 리조트

📍 Victoria Hoi An Beach Resort
🚶 공항에서 차량으로 약 35분 소요.
   올드 타운에서 자동차로 15분
🏠 Victoria Hoi An Beach Resort, Cua Đại Beach
📞 +84 235 3927 040
🕐 체크인·아웃 14:00, 12:00
💲 100불(최저가)
☰ https://www.victoriahotels.asia/en/overview

디자인이 감각적인 4성급 리조트

베트남 전통 양식에 일본, 프랑스 양식을 더한 감각적인 객실이 인상적이다. 객실마다 발코니가 있다. 리조트 중앙에 있는 수영장을 지나면 바로 바다로 이어진다. 레스토랑, 바, 스파를 갖추고 있으며, 빈티지 사이드카 체험은 빅토리아 리조트만의 차별화된 프로그램이다. 전용 해변, 스파, 키즈 풀, 키즈클럽, 그리고 다양한 스포츠와 액티비티 프로그램을 운영한다. 자전거 무료대여가 가능하며, 올드 타운 무료 셔틀버스도 운행한다.

> **빈티지 사이드 카 투어**
> 빈티지 사이드 카를 타고 호이안 근교를 달리는 체험을 할 수 있다. 투숙객이 아니어도 가능하다. 1시간부터 종일 투어까지 프로그램이 다양하다. 1시간 비용은 운전기사 포함하여 85만동이다. 사이드 카에는 2인까지 탈 수 있다.

Muong Thanh Holiday Hoi An
무엉탄 홀리데이 호이안 호텔

📍무엉탄 홀리데이 🏃다낭 공항에서 차로 약 35분. 호이안 올드 타운에서 차로 15분 📍Khu Ô 9, KĐT Phước Trạch-Phước Hải, Âu Cơ, Cua Đại 📞 +84 235 3666 999 🕐체크인·아웃 14:00, 12:00 💲45불(최저가) ≡http://holidayhoian.muongthanh.com

끄어다이 비치 옆 4성급 호텔
베트남의 웬만한 관광 도시에 하나쯤 있는 체인 호텔이다. 다낭 무엉탄 호텔과 헷갈리지 말자. 특히 택시를 타고 갈 예정이라면 다낭 무엉탄이 아닌, 호이안 무엉탄이라는 걸 기사에게 명확히 알려야 한다. 객실은 끄어다이 비치가 보이는 씨 뷰와 투본 강이 보이는 리버 뷰로 나누어져 있다. 호이안 올드 타운까지 셔틀버스를 운행한다.

② 올드 타운 숙소 가심비와 가성비 높은 올드 타운의 호텔들

Hotel Royal Hoi An-MGallery by Sofitel
호텔 로열 호이안 M갤러리

>> TRAVEL TIP
① 하루 2회 안방 비치와 끄어다이 비치로 무료 셔틀버스 운행하며, 자전거 대여도 무료이다.
② 체크인 시 올드 타운 지도를 담은 인쇄물을 준다. 지도는 올드 타운을 산책할 때 유용하다. 잊지 말고 잘 챙겨 놓자.

취향 저격 5성급 부티크 호텔
엠갤러리는 소피텔의 고급 부티크 호텔이다. 정식 명칭은 호텔 로열 호이안 엠갤러리 컬렉션이지만 줄여서 호이안 엠갤러리라고 부른다. 올드 타운에서 영감을 얻은 듯한 노란색 외벽은 호이안의 이미지와 잘 어울린다. 객실에서 투본강이 바로 보인다. 멀리 끄어다이 비치도 보인다. 외관과 마찬가지로 객실도 프랑스와 베트남의 전통 양식을 적절히 조화시켜 디자인했다. 모던하고 감각적인 디자인이 인상적이다. 호텔에서 자전거를 무료로 대여해준다. 어둠이 내리면 자전거를 타며 구시가지의 밤 풍경을 색다르게 즐겨보자. 바람, 자전거, 매혹적인 거리, 그리고 환상적인 등불. 올드 타운의 밤 풍경이 오래 기억될 것이다.

📍호텔 로열 호이안 엠 갤러리 🏃올드 타운 내원교에서 서쪽으로 도보 7분 🏠39 Street Ward, Đào Duy Từ, Cẩm Phô, Hội An 📞 +84 510 3950 777 🕐체크인·아웃 14:00, 12:00 💲120불(최저가) ≡www.hotelroyalhoian.com 이메일 reservation@hotelroyalhoian.com

Anantara Hoi An Resort
아난타라 호이안 리조트

◎ 아난타라 호이안 리조트
🏃 호이안 구시가에서 도보 5~6분
🏠 1 Đường Phạm Hồng Thái, Cẩm Châu, Hội An
📞 +84 235 3914 555
🕐 체크인·아웃 14:00, 12:00
💲 170불(최저가)
≡ www.anantara.com/en/hoi-an

호이안을 닮은 매력적인 리조트

프랑스 식민지 시절의 건축 양식French colonial을 기반으로 베트남 분위기와 유럽 스타일을 가미했다. 올드 타운에서 도보로 5~6분 거리에 있다. 리조트가 투본강과 매우 가깝다. 리버 뷰 객실에 투숙한다면 한적하고 평화로운 투본강을 마음껏 감상할 수 있다. 5개의 특색있는 다이닝 시설을 갖추고 있으며, 스파 또한 아난타라의 자랑거리이다. 여행자를 위한 쿠킹 클래스 및 투본강 보트 투어 프로그램을 운영한다.

La Siesta Hoi An Resort & Spa
라 시에스타 리조트 & 스파

◎ 라 시에스타 리조트 호이안
🏃 올드 타운 서쪽 끝에 위치. 올드 타운에서 도보 13분
🏠 132 Hùng Vương Str. Hội An
📞 +84 235 3915 915
🕐 체크인·아웃 14:00, 12:00
💲 85불(최저가)
≡ https://lasiestaresorts.com

투어 프로그램 진행하는 4성급 호텔

로비와 객실을 노란색 배경에 원목으로 포인트를 주어 꾸며놓아, 마치 호이안 올드 타운에 새로 지은 아주 세련된 가정집 같은 느낌을 준다. 집처럼 평화롭고 편안한 기분을 투숙객에게 제공하려는 흔적이 돋보인다. 수영장, 레스토랑, 바 등을 갖추고 있다. 쿠킹 클래스를 진행하며, 예쁘고 세련된 자전거를 무료로 대여해준다.

> ≫ TRAVEL TIP
> 투어 프로그램과 셔틀버스
> 다양한 데일리 투어 프로그램을 진행하고 있다. 올드 타운은 물론 미썬 유적지, 후에까지 소화하는 투어 프로그램도 있다. 올드 타운과 안방 비치까지 하루 5~9회 무료 셔틀버스를 운행한다. 유료 공항 픽업도 해준다.

Almanity Hoi An Wellness Resort
알마니티 웰리스 리조트 호이안

◎ 알마니티 웰리스 리조트 호이안
🚶 올드 타운에서 북쪽으로 도보 13분
🏠 326 Lý Thường Kiệt, Phường Minh An, Hội An
📞 +84 235 3666 888 🕐 체크인·아웃 14:00, 12:00
₫ 100불(최저가) ≡ https://almanityhoian.com/en

무료 스파 서비스를 해주는 4성급 리조트
올드 타운 북쪽에 있다. 매일 무료로 90분 동안 스파를 받을 수 있다. 여행의 피로를 말끔히 씻어주는 스파로 여행자들에게 인기가 많은 리조트다. 한국 여행자들 사이에서 조식 평가가 좋은 편이다. 빵 종류가 다양하고 특히 쌀국수 맛이 좋다. 수영장, 레스토랑, 스파, 사우나, 액티비티, 키즈클럽 등을 갖추고 있다. 무료 자전거 대여가 가능하고, 안방 해변 무료 셔틀버스를 하루 4회 운행한다.

Belle Maison Hadana Hoi An Resort
벨레 메종 하다나 호이안 리조트

◎ 벨레 메종 하다나 호이안 리조트
🚶 호이안 올드 타운 내원교에서 도보 20분 소요
🏠 538 Cua Dai Str., Hoi An City
📞 +84 235 3757 666 🕐 체크인·아웃 14:00, 11:00
₫ 50불(최저가) ≡ www.bellemaisonhadana.com

풀 뷰가 아름다운 가성비 호텔
호이안에서 주변이 조용하면서도 가성비 좋은 저렴한 호텔을 찾는다면 벨레 메종이 답이다. 구시가에서 동쪽으로 도보로 약 20분 거리에 있다. 최저가 5만원 정도의 가성비 호텔이지만 아름다운 풀 뷰를 만끽할 수 있다. 풀 뷰를 원한다면 Senior Deluxe Room을 추천한다. 성인 2명과 6세 이하의 아이 2명까지 투숙 가능하므로 가족단체에도 적합한 객실이다. 자전거 무료대여를 해주며, 안방 비치까지 무료 셔틀버스를 운영하고 있다.

Little Hoi An Boutique Hotel
리틀 호이안 부티크 호텔 & 스파

올드 타운 남쪽에 있는 3성급 호텔이다. 호이안 야시장이 도보 4분, 내원교가 도보 7분 거리에 있다. 한국말을 제법 알아듣는 직원이 있다. 안방 비치까지 무료 셔틀버스를 이용할 수 있다.

◎ 리틀 호이안 부티크 호텔 🚶 올드 타운 남쪽. 내원교에서 도보 7분
🏠 Song Hoai Square, 02 Thoại Ngọc Hầu
📞 +84 235 3869 999 ⏰ 체크인·아웃 14:00, 12:00
💰 50불(최저가) ≡ www.littlehoiangroup.com/little-hoi-an

Green Heaven Hoi An Resort
그린 헤븐 호이안 리조트 & 스파

올드 타운 남쪽에 있는 3성급 리조트다. 호이안 야시장이 도보 3분, 내원교가 도보 6분 거리에 있다. 몇몇 직원이 한국어를 알아듣는다. 스파와 수영장을 갖췄다. 16달러에 공항 픽업 서비스를 받을 수 있다.

◎ Green Heaven Hoi An Resort 🚶 올드 타운 남쪽. 내원교에서 도보 6분
🏠 21 La Hoi Street, Hoi An
📞 +84 235 3962 969 ⏰ 체크인·아웃 14:00, 12:00
💰 40불(최저가) ≡ https://hoiangreenheavenresort.com

Kiman Hoi An Hotel & Spa
키만 호이안 호텔 & 스파

올드 타운 북쪽에 있는 게스트하우스형 호텔이다. 10불~15불 정도면 도미토리 룸에서 1박을 할 수 있으며, 수영장도 갖추고 있다. 자전거 대여가 가능하다. 구시가지까지 걸어서 17분 거리다.

◎ 키만 호이안 호텔 🚶 올드 타운에서 북쪽으로 도보 17분
🏠 461 Hai Bà Trưng, Tân An, tp. Hội An
📞 +84 919 922 430 ⏰ 체크인·아웃 14:00, 12:00
💰 10불(6인실 최저가), 35불(2인실 최저가)
≡ http://www.kimanhoianhotel.com

Herbal Tea Homestay
허벌티 홈스테이

수영장을 갖춘 게스트 하우스이다. 올드 타운과 끄어다이 비치 중간에 있다. 주변이 조용하다. 올드 타운, 해변과 다소 거리가 있지만, 자전거로 15분이면 거뜬하다. 게스트하우스에서 무료로 자전거를 대여해준다.

◎ 허벌 티 홈스테이 🚶 올드 타운에서 동쪽으로 자전거로 약 15분
🏠 19 Tong Van Suong, Cam Thanh, Hoi An
📞 +84 235 3936 899 ⏰ 체크인·아웃 14:00, 12:00
💰 스탠다드 룸 15불(최저가) ≡ http://herbalteahomestay.com

HUE
후에의 가성비 호텔과 가심비 리조트

후에의 숙소는 호텔과 리조트로 크게 나눌 수 있다. 호텔은 후에 도심에 몰려있고, 리조트는 주로 바닷가나 자연 속에 있다. 가심비 높은 후에의 리조트와 가성비 좋은 도심 호텔을 소개한다.

① 리조트, 조용하고 특별한 휴식을 즐기자
② 후에 도심의 가성비·가심비 호텔

① 리조트 조용하고 특별한 휴식을 즐기자

Pilgrimage Village
필그리미지 빌리지

무료 셔틀버스 운행 정보
후에와 리조트 사이 무료 셔틀버스를 하루 6회 운행한다. 운행 시간은 안내 데스크에 문의하자. 셔틀버스 시간이 애매할 때는 택시로 이동해도 된다. 비용은 6~7천원 안팎이다. 다낭, 호이안 등 원거리 이동 시에는 택시, 그랩, 기사 딸린 렌터카프라이빗 카를 이용하면 된다. 프라이빗 카 http://hueprivatecars.com

숲속의 힐링 리조트
후에에서 남쪽으로 6.4km 떨어진 지점, 도심과 카이딘 왕릉 사이에 있다. 빌라형 호텔로 직원이 직접 에스코트해 주며 객실과 리조트의 부대시설에 대해 친절하게 설명해준다. 필그리미지 빌리지는 숲속에 있는 자연 친화형 힐링 숙소이다. 디럭스와 패밀리 디럭스, 허니문 방갈로, 풀 빌라까지 모두 101개 객실을 보유하고 있다. 레스토랑, 스파, 바, 키즈 클럽, 수영장, 자쿠지 같은 부대시설을 잘 갖추고 있다. 후에를 비롯한 다양한 여행 프로그램도 진행한다. 투숙객에게 자전거를 무료로 대여해준다. 한국어를 하는 직원이 있다.

📍 Hotel Pilgrimage Village 🚶 후에 시내에서 자동차로 15분 🏠 130 Minh Mang road, Hue
📞 +84 234 3885 461 🕐 체크인·아웃 14:00, 12:00 💲 75불(최저가)
🔗 http://www.pilgrimagevillage.com

Banyan Tree Lang Co
반얀트리 랑코

>> TRAVEL TIP
무료 수상 셔틀 보트
JETTY라는 무료 수상 셔틀 보트를 이용해보자. 보트 코스에 호이안의 내원교와 후에의 황궁 문 장식 등을 재현해 놓았다. 산책 겸 가볍게 즐기기에 좋다. 반얀트리와 앙사나 리조트 두 곳 선착장에서 탑승할 수 있다. 라구나 골프 클럽 8번 홀로도 이동하므로 골프 여행을 하는 투숙객에게도 유용하다. 운영 시간 08:30~17:00(30분 간격 운행)

자연 친화적인 럭셔리 풀 빌라

다낭과 후에 사이, 랑코 비치 옆에 있다. 모든 객실이 풀 빌라로 이루어진 럭셔리 리조트다. 아름다운 자연에 안겨 휴양을 하기에 좋다. 빌라 타입은 6종류이다. 이 중에서 씨 뷰 힐 풀 빌라엔 쓰리 베드 룸도 있어 가족 단위 여행객에게 적합하다. 미리 신청하면 룸에서 조식을 즐길 수 있다. 반얀트리는 스파 명성도 자자하다. 천연 치료법을 응용한 스파는 마음엔 여유, 몸에 활기를 불어넣어 준다. 2014년 3월, 월드 럭셔리 스파 어워드에서 베트남의 최고 럭셔리 스파 상을 받았다. 제트 스키, 패들 보드, 카약, 윈드서핑 등 다양한 액티비티를 전용 비치에서 즐길 수 있다. 더구나 바로 옆에 라구나 골프 클럽이 있어서 골프 여행객에겐 최적의 숙소이다.

◉ Banyan Tree Lang Co 🚶 후에와 다낭에서 자동차로 1시간 10분
🏠 Banyan Tree Lang Co, Phú Lộc, Thừa Thiên Huế
📞 +84 234 3695 888 🕐 체크인·아웃 14:00, 12:00
💲 300불(최저가) ☰ www.banyantree.com/en/vietnam/lang-co

Angsana Lang Co, Central Vietnam
앙사나 랑코 리조트

반얀트리 그룹의 5성급 리조트

풀 빌라로 유명한 반얀트리 랑코 옆에 있다. 온전히 휴양만 해도 좋을 만큼 매력적인 리조트이다. 2베드 룸 로프트 객실은 앙사나의 자랑거리이다. 통유리를 통해 바다를 전망할 수 있고, 미니 수영장과 선베드에서 남국의 낭만을 만끽할 수 있다. 폭이 좁아졌다 넓어지며 입체적으로 변모하는 수영장은 길이가 무려 300m에 이른다. 키즈클럽과 스파 시설도 잘 갖추어 놓고 있다. 테니스부터 카약까지 다양한 액티비티를 즐길 수 있다. 게다가 닉 팔도가 디자인한 18홀 골프장까지 갖추고 있다.

⊚ 앙사나 랑코 베트남 중부 🚶 다낭 공항에서 자동차로 1시간. 후에에서 자동차로 1시간 10분
🏠 Angsana Lăng Cô, Lộc Vĩnh, Thừa Thiên Huế
📞 +84 234 3695 800 🕐 체크인·아웃 15:00, 12:00
💲 130불(최저가) 🌐 www.angsana.com/en/vietnam/lang-co-central-vietnam

> **»TRAVEL TIP**
> **무료 셔틀버스와 공항 무료 픽업**
> 다낭 공항과 호이안, 후에까지 무료 셔틀버스를 1~7회 운행한다. 운행 횟수와 시간이 도시별로 다르므로 구체적인 일정은 안내 데스크에 문의하자. 다낭 공항 무료 픽업 서비스도 제공하고 있으며, 자전거 대여도 무료이다. 웬만한 액티비티 프로그램 또한 무료이다.

Ana Mandara Hue Beach Resort
아나 만다라 후에 비치 리조트

투안 안 해변의 5성급 리조트

후에 시내에서 자동차를 타고 동쪽으로 약 15km를 달리면 남중국해와 아름다운 투안 안 해변Thuan An이 나온다. 이 해변에 아나 만다라 후에 비치 리조트가 있다. 비치 빌라, 풀 빌라, 2층 구조의 듀플렉스 룸, 디럭스 룸 등 객실이 다양하다. 스파 시설도 좋다. 후에 시내에서 조금 떨어져 있지만 그래서 조용하고 여유롭게 휴양과 관광을 아우르기에 제격이다. 바, 레스토랑 같은 부대시설도 좋으며, 쿠킹 클래스, 액티비티, 투어 프로그램도 진행한다.

⊚ Ana Mandara Hue 🚶 후에 시내에서 차량으로 동쪽으로 20분 🏠 Thuan An Town, Hue Province 📞 +84 234 3983 333 🕐 체크인·아웃 14:00, 12:00 💲 105불(최저가)
🌐 http://anamandarahue-resort.com

> **당일 투어와 셔틀버스 정보**
> 투숙객을 위해 당일, 또는 반일 투어를 진행하고 있다. 왕궁, 왕릉, 티엔무 사원, 동바시장 등을 돌아보는 코스, 스파와 액티비티를 즐기는 코스 등 모두 5개의 프로그램이 있다. 셔틀버스, 렌터카 알선 서비스, 자전거 무료대여 서비스도 제공한다. 후에 공항 유료 픽업 서비스도 해준다.

Imperial Hotel Hue
임페리얼 호텔

◎ Imperial Hotel Hue 🚶 도심 왕궁에서 택시 5분
🏠 08 Hung Vuong boulevard, Hue city
📞 +84 234 3882 222 🕐 체크인·아웃 14:00, 12:00
💲 90불(최저가) ☰ http://www.imperial-hotel.com.vn

고도에 어울리는 5성급 호텔

클래식한 호텔 분위기가 고도 후에의 이미지와 잘 맞는다. 후에의 궁중 요리를 맛볼 수 있고, 흐엉강이 내려다보여 전망이 좋다. 특히 루프톱 바에 오르면 흐엉강과 구시가지를 아울러 감상할 수 있다. 후에 시내의 5성급 호텔 중에서 모던하고 깔끔한 곳을 찾는다면 인도친 팰리스를, 베트남 전통 느낌이 나는 호텔을 찾는다면 임페리얼을 택하면 된다. 레스토랑, 바, 스파, 야외 수영장 등을 갖추고 있다.

Indochine Palace Hotel
인도친 팰리스 호텔

후에의 대표적인 5성급 호텔

후에에서 몇 안 되는 5성급 호텔이다. 임페리얼 호텔이 베트남 전통 이미지가 많이 난다면, 인도친 팰리스는 흰색 외관이 멀리서 봐도 산뜻하다. 베트남 양식에 서양 스타일을 더하여 호텔 이름처럼 궁전 같은 우아함을 풍긴다. 다양한 객실 168개를 갖추고 있으며, 후에 시내의 호텔 중에서 가장 큰 야외 수영장을 보유하고 있다. 레스토랑, 바, 스파 등도 잘 갖추고 있다.

◎ Indochine Palace Hotel 🚶 후에 왕궁에서 택시 8분
🏠 105A Hung Vuong Street, Hue
📞 +84 234 3936 666 🕐 체크인·아웃 14:00, 12:00
💲 95불(최저가) ☰ http://www.indochinepalace.com

Muong Thanh Holiday Hue 무엉탄 홀리데이 후에
전망 좋은 4성급 호텔

베트남 토종 체인 호텔이다. 다낭과 호이안의 무엉탄보다 더 깔끔하고 현대적이다. 흐엉강과 후에 성이 보이는 확 트인 전망이 매력적이다. 시내에 있는 호텔 중에서 드물게 야외 수영장을 보유하고 있다. 디럭스부터 스위트까지 객실이 모두 108개이다. 부대시설로 레스토랑, 바, 스파 등을 갖추고 있다.

◎ Muong Thanh Holiday Hue 🚶 후에 왕궁에서 택시 5분
🏠 Số 38 Lê Lợi, Thành phố Huế 📞 +84 234 3936 688
🕐 체크인·아웃 14:00, 12:00 💲 50불(최저가)
☰ www.hue.muongthanh.vn

Eldora Hotel 엘도라 호텔
실속 만점 4성급 호텔

몇 년 전에 오픈한 최신 호텔이다. 가격 대비 만족도가 높아 여행자에게 인기가 좋다. 화이트 톤과 골드 톤이 조화를 이루어 화사한 분위기를 자아낸다. 전 객실이 비 흡연실이고, 호텔 대부분이 그렇듯 무료 와이파이가 제공된다. 14층에 있는 실내 수영장과 헬스 센터를 밤 10시까지 개방한다. 부대시설로 바, 스파, 레스토랑 등을 갖추고 있다.

◎ 엘도라 호텔 후에 🚶 후에 왕궁에서 택시 7분
🏠 60 Ben Nghe street, Hue city 📞 +84 234 3866 666
🕐 체크인·아웃 14:00, 12:00 ₫ 60불(최저가) ☰ http://eldorahotel.com

Serene Palace Hotel 서린 팰리스 호텔
트립어드바이저 평가 상위 호텔

후에 신시가지 북동쪽에 있다. 여행자 거리와 조금 떨어져 있으나 트립어드바이저 평가에서 여행자의 추천 순위 상위권을 유지하고 있다. 가격이 저렴하나 가격 이상의 컨디션을 자랑한다. 특히 1층 레스토랑은 트립어드바이저에서 1~2위를 다투는 맛집이다. 투숙객이 아니어도 레스토랑을 이용할 수 있다. 객실에 데스크톱 컴퓨터를 갖춰 놓았다.

◎ 후에 서린 팰리스 호텔 🚶 후에 왕궁에서 택시 7분 🏠 21 Lane 42 Nguyen Cong Tru street, Hue City 📞 +84 234 3948 585 🕐 체크인·아웃 14:00, 12:00 ₫ 25불(최저가) ☰ http://serenepalacehotel.com

Orchid Hotel 오키드 호텔
아담한 실속형 3성급 호텔

객실 18개를 갖춘 작은 3성급 호텔이다. 아담하지만 갖출 건 갖춰 깨끗하고 모던하다. 전 객실이 킹 또는 퀸 사이즈 베드로 구성되어 있다. 부대시설로 바와 식당이 있다. 호이안과 후에 문화유산 여행, 후에 근교 여행, DMZ 투어 등 다양한 여행 프로그램을 진행한다. 스파 프로그램도 갖추고 있다. 직원들의 서비스가 좋은 편이다.

◎ Orchid Hotel Hue 🚶 후에 왕궁에서 차로 6분
🏠 30 Chu Văn An, Phú Hội, tp. Huế, Thừa Thiên Huế
📞 +84 234 3831 177 🕐 체크인·아웃 14:00, 12:00
₫ 28불(최저가) ☰ http://www.orchidhotel.com.vn

Holiday Diamond Hotel 홀리데이 다이아몬드 호텔
가성비갑. 초저가 2성급 호텔

신시가지 북동쪽에 있다. 서린 팰리스와 함께 트립어드바이저에서 추천하는 저가 호텔이다. 1박 비용이 약 20불이다. 이 가격에 조식이 포함되어 있으니 그야말로 가성비 '갑' 호텔이다. 호텔 대부분 그렇듯이 무료 와이파이를 제공한다. 호이안과 미썬 유적지, 후에 문화유산 여행, 후에 근교 투어, DMZ 투어 프로그램을 진행한다.

◎ 홀리데이 다이아몬드 호텔 🚶 후에 왕궁에서 택시 6분
🏠 Number 6 Lane 14 Nguyen Cong Tru str-Hue City
📞 +84 93 535 3117 🕐 체크인·아웃 10:00, 11:30
₫ 15~20불(최저가) ☰ http://www.hueholidaydiamondhotel.com

Information
다낭 여행 기본 정보

여행 준비 정보
현지 여행 정보
여행 베트남어

INFORMATION 01 **여행 준비 정보**

01 여행 일정짜기
3일 또는 4일 일정이 일반적이다. 3일이면 다낭과 호이안을 조금 빠듯하게, 4일이면 주요 명소와 해변을 조금 여유롭게 둘러볼 수 있다. 5일이라면 후에까지 일정에 넣는 게 좋다.

02 숙소는 다낭과 호이안에
3일 일정이라면 시간을 아끼기 위해 다낭에 숙소를 정하는 게 좋다. 4일이라면 2박은 다낭에, 하루는 호이안에 숙소를 정하길 추천한다. 이렇게 하면 호이안 해변과 올드 타운의 야경까지 충분히 즐길 수 있다. 5일이라면 다낭에서 3박, 호이안에서 1박을 하는 게 좋다. 이 일정이면 다낭에 머물면서 후에까지 택시로 당일치기 여행을 할 수 있다.

03 여권 만들기
여권은 유효 기간이 최소 6개월은 남아 있어야 한다. 그렇지 않으면 출입국 심사에서 문제가 될 수 있다.
외교부 여권 안내 페이지 www.passport.go.kr

04 비자 만들기
체류 기간 15일 이내는 무비자 입국이 가능하다. 15일 넘게 체류하거나 30일 만에 베트남을 재방문베트남은 방문 후 30일이 지나야 재입국을 허용한다.할 경우 비자를 받아야 한다. 비자를 받는 방법은 두 가지이다. 하나는 주한 베트남 대사관에서 받는 것인데, 이 경우 시간과 비용이 많이 든다. 또 한 가지 방법은 여행사를 통해 도착 비자를 받는 것이다. 비자 신청서와 여권 사진 1매, 수수료 25달러를 제출하면 여행 비자를 내준다. 유효 기간은 1개월이다. 비자를 연장할 때도 여행사를 통해서 하면 된다. 자세한 방법을 여행사에서 안내해주므로 걱정할 필요 없다.

05 입국 카드가 필요 없다
베트남은 다른 나라와 달리 입국 카드를 작성하지 않아도 된다. 따라서 머물 숙소의 주소나 이름을 따로 준비할 필요가 없다. 입국 심사도 까다롭지 않다.

06 항공권 예약하기
다낭행 비행기는 대개 밤에 국내를 출발해 한밤중에 도착한다. 새벽이나 오전에 출발하는 비행기는 많지 않다. 항공권은 반드시 항공권 가격 비교 사이트를 검색한 후 구매하자. 최근엔 항공사 홈페이지 직판 가격이 더 저렴한 경우가 많다. 특히 저가 항공의 경우가 그렇다. 여권과 항공권의 영문 이름이 같아야 한다는 것도 기억해두자.

07 여행자 보험 들기

패키지여행은 상품 안에 여행자 보험이 대부분 가입되어 있다. 자유여행을 준비한다면 반드시 여행자 보험을 들어야 한다. 보험료는 일주일 기준으로 1~3만원 정도이다. 여행 중 현지에서 문제가 발생 시, 병원에서는 진단서와 영수증을 도난 및 분실물은 관할 경찰서에서 증명서를 받아와야 보장받을 수 있다. 출발 직전 공항에서 들면 보험료가 비싸므로 미리 가입하자.

08 숙소 예약하기

다낭 숙소는 호텔, 리조트, 게스트하우스로 구분할 수 있다. 호텔과 리조트는 호텔 예약 사이트나 숙소 공식 홈페이지에서, 게스트하우스는 해당 숙소 홈페이지, 전화, 현장 예약이 가능하다. 호텔과 리조트의 경우, 공식 홈페이지 가격이 더 낮을 때도 있다. 숙소 홈페이지와 예약 사이트 가격을 비교한 후 예약하도록 하자.

호텔 예약 사이트

익스피디아 www.expedia.co.kr 호텔스닷컴 kr.hotels.com

아고다 www.agoda.co.kr 부킹닷컴 www.booking.com

09 국제 현금카드 준비하기

EXK 카드를 준비하자. 일반적인 국제 현금카드는 ATM기에서 현금 인출 시 수수료가 비싼데 반해, EXK 카드는 300달러 이하 인출 시 500원의 수수료만 내면 된다. 신한, 시티, 우리, 하나은행에서 발급받을 수 있다. 베트남의 거의 모든 현금 지급기에서 현금 인출과 잔액 확인을 할 수 있다. ATM기는 시내 번화가, 공항, 호텔 등에 설치되어 있다.

EXK 카드 홈페이지 http://exk.kftc.or.kr

EXK 카드를 사용할 수 있는 베트남의 현금 지급기 AB Bank, ACB, Agribank, BIDV, HD Bank, Sacombank, SaigonBank, SeABank, Vietinbank

10 신용카드 챙기기

베트남에서는 호텔과 리조트, 고급 레스토랑을 제외하면 신용카드 안 받는 곳이 대부분이다. 택시, 현지 여행사, 관광지 입장료, 일반 음식점 등에서는 베트남 화폐 또는 달러를 받는다. 그래도 VISA, MASTER 브랜드가 붙은 신용카드 하나 정도는 준비하는 게 좋다. 호텔 예약 시 사용했던 카드를 지참하자. 체크인 시 확인하는 경우가 있다.

11 짐 꾸리기

짐은 적을수록 좋다. 꼭 필요한 물건이 아니라면 미리 포기하자. 아울러 체크 리스트를 활용하여 콤팩트하게 준비하자. 항공사에서 수화물 무게 규정을 넘으면 추가 요금을 내거나 심한 경우엔 아예 공항에서 짐을 덜어낼 수도 있다. 무게 규정은 항공권 구매할 때 확인하고, 집에 있는 전자저울로 무게도 미리 점검하자.

12 빠른 출국을 위한 실속 팁 3가지

① 자동출입국 심사 활용법

자동출입국 심사 제도를 활용하면 별도의 게이트에서 약 12초 만에 출입국 심사를 받을 수 있다. 만 19세 이상 대한민국 국민이면 사전등록 없이 가능하다. 단, 초등학생 이상은 사전등록해야 하며, 미취학 아동 동반은 일반 심사대로 가야 한다.

신청 장소 인천국제공항 제1여객터미널 3층 체크인 카운터 G 구역 앞, 인천국제공항 제2여객터미널 일반 지역 2층 정부 종합행정센터 내, 김포국제공항 2층 출입국민원실, 김해국제공항 국제선 2층 출국 심사장 안, 삼성동 도심공항터미널 2층, 서울역 공항철도 지하 2층 서울역 출장소. 상세 안내 www.ses.go.kr

② 도심공항터미널 이용하기

대한항공 및 아시아나항공 이용 시 서울역과 삼성동 코엑스 도심공항터미널을 이용하면 편리하다. 미리 짐 부치기, 체크인, 출국 심사까지 가능하다. 공항에선 전용 출입문을 통해 출국 심사장으로 들어갈 수 있다.

③ 유아와 노약자를 위한 인천공항 패스트 트랙

장애인, 노약자, 임산부, 7세 미만 유아 동반 2인까지 이용 가능한 전용 출국장 서비스이다. 인천국제공항 제1여객터미널 3층 1번, 6번 출국장 또는 2~5번 출국장 측문에 전용 출국장이 있다. 제2터미널은 1, 2번이 전용 출국장이다. 길게 줄 서지 않고 출국 심사장으로 들어갈 수 있다. 체크인 시 항공사 직원에게 요청하면 된다.

13 항공사별 수화물 무게 규정

짐은 적을수록 좋다. 꼭 필요한 물건이 아니라면 미리 포기하자. 체크리스트를 활용하여 콤팩트하게 준비하자. 대한항공과 아시아나항공의 수화물 무료 기준은 23kg까지이다. 저비용 항공사의 수화물 무게 제한은 15kg이다. 모든 항공사의 기내 반입 물건 제한 규정은 보통 7kg 이내이다. *주의 수화물 30kg 이상은 추가 요금을 내더라도 실을 수 없다.

01 전기 콘센트

베트남 전압은 우리나라와 같은 220V이다. 콘센트도 우리와 같아 어댑터, 일명 '돼지코'는 따로 준비하지 않아도 된다.

02 숙소는 여행 목적에 따라 다르게 선택하자

호캉스를 원한다면 가능하면 5성급 호텔 및 리조트를 추천한다. 레스토랑, 바, 스파, 수영장, 전용 비치, 키즈클럽, 액티비티 프로그램이 잘 갖추어져 있어 휴양하기에 좋다.

관광 중심 여행이라면 숙소 비중은 그다지 크지 않은 편이다. 3~4성급 호텔이면 충분하고, 예산을 아끼면서 다른 여행자와의 만남을 원한다면 게스트하우스도 고려해볼 만하다.

03 호텔의 체크인·아웃 시간

평균적으로 체크인은 14시, 체크아웃은 12시이다. 체크아웃 시간을 늦추고 싶을 때는 레이트 체크아웃을 신청하면 된다. 시간은 17~18시까지 적용되며, 1박 요금의 50% 정도가 추가로 부과된다.

04 다낭의 치안

대체로 안전한 편이지만 저녁 시간 이후는 조심하는 게 좋다. 특히 인적이 드문 골목을 혼자 다니는 것은 금물이다. 날치기 사건도 가끔 일어나니 가방과 소지품을 조심해야 한다. 여권과 소지품 도난이나 분실 시에는 경찰서에 가서 도난 또는 분실 신고를 하고 증명서를 받아야 한다. 그래야 여행자 보험에서 보상받을 수 있다. 또한 경찰의 증명서가 있어야 대사관이나 영사관에서 여행 증명서를 발급해준다.

05 교통안전

오토바이가 많고 교통질서도 좋은 편이 아니다. 교통사고도 비교적 많은 편이다. 오토바이는 가능하면 대여하지 않는 게 좋다. 렌터카도 직접 운전하지 않는 게 안전하다.

06 아동 동반 입국 시 필요 서류

어머니가 아동을 동반하는 경우에는 영문 주민등록등본을 지참해야 한다. 어머니와 아동의 성이 달라 가족 여부를 확인하기 힘들기 때문이다. 복불복이지만 불시에 걸려서 입국 제한이 될 수 있으므로, 사전에 준비하는 것이 좋다.

또, 부모가 아닌 제삼자가 아기(소아 및 만 14세 미만 아동)를 데려갈 때에는 사전에 지정한 별도의 서류(아기 출생증명서, 부모동의서, 가족관계증명서)를 준비해야 한다. 서류는 번역 및 변호사 공증 후에 주한 베트남 대사관의 영사 확인까지 마쳐야 한다.

주한 베트남 대사관 02-734-7948

07 여권 분실 시 대처법

여권을 분실하면 재발급 절차가 상당히 까다롭다. 우선 담당 지역 경찰서에서 여권 분실 신고 확인서를 발급받아야 한다. 그다음엔 하노이의 대사관까지 가서 여행 증명서를 발급받아야 하는데, 경찰서에서 받은 여권 분실 신고 확인서가 필요하다. 또 대사관에서 분실 사유서와 여권 신청서를 써야 한다. 여권 사진 2매와 약 7달러 정도의 수수료도 필요하다. 이 모든 과정이 순조롭게 진행되면 다행이지만, 경찰서에서 은근히 급행료를 요구하는 등 여권 재발급이 오래 걸려 며칠씩 현지에서 보내야 하는 상황도 발생한다. 가장 좋은 방법은 여권 관리에 특별히 신경을 쓰는 것뿐이다. 그래도 만약을 위해 여권 사진 2매와 여권 사본을 미리 준비해두자.

여권 분실 시 필요 서류

여권 발급 신청서 1매, 여권용 컬러 사진(3.5 x 4.5cm, 얼굴 길이 2.5 x 3.5cm) 2매, 본인을 증명할 수 있는 증명서(주민등록증, 운전면허증, 호적등본 등), 여권 분실 확인서 1매(관할 경찰서 발행)

한국 대사관(하노이)
구글맵 주베트남 대한민국 대사관 주소 54 Lieu Giai St., Ba Dinh District, Hanoi(롯데센터 28층) 전화 +84 438 315 110~6

한국 대사관 영사과(하노이)
구글맵 주베트남 대한민국 대사관 영사부 전화 +84 437 710 404

한국 총영사관(호찌민)
전화 +84 838 225 757

외교통상부 영사 콜센터
전화 00 + 82-2-3210-0404 홈페이지 www.0404.go.kr

08 질병과 여행사고 대처법

베트남은 날이 더워 건강에 특별히 유의해야 한다. 무엇보다 무리하게 일정을 잡기보다 여유롭게 여행하는 게 중요하다. 베트남엔 모기가 많은 편이다. 모기에 물리면 지카 바이러스, 말라리아, 뎅기열, 뇌염에 걸릴 수 있으므로, 모기약과 모기 기피제를 준비하는 게 좋다. 다만, 모기 기피제는 현지에서 사자. 현지 모기에 잘 듣는 기피제는 베트남에서만 살 수 있기 때문이다.

식중독과 콜레라, 장티푸스 등 전염병도 조심해야 한다. 가능하면 생수 외에는 다른 물을 먹지 않도록 하자. 얼음도 함부로 먹지 않는 게 좋다. 감기, 또 다른 질병, 그리고 여행 중 사고를 당하면 지체 말고 병원으로 가자. 병원비는 우리보다 저렴하므로 치료비를 걱정할 필요는 없다.

건강과 안전 여행에 관한 더 자세한 내용은 외교부의 해외안전여행 홈페이지를 참고하자. 국가별 최신 안전 소식, 국가별 안전 정보, 위기 상황별 매뉴얼, 신속 해외송금 지원 등 다양한 안전 여행 정보를 얻을 수 있다.

외교부 해외안전여행 홈페이지 www.0404.go.kr

09 현지 또는 한국으로 전화 거는 방법

한국에서 현지로 전화하는 방법

예) 010-123-1234 번호에 전화 걸기(001 사용 시)
001-84(베트남 국가번호) + 10-123-1234. 즉 001-84-10-123-1234

현지에서 한국으로 전화하는 방법

예) 02-123-1234 번호에 전화 걸기
0082(00+82 우리나라 국가번호) + 2-123-1234.
즉 0082-2-123-1234

10 긴급 연락처

범죄 신고 113
화재신고 114
응급환자구급차 115

다낭병원 Bệnh viện Hoàn Mỹ Đà Nẵng
주소 Q. Thanh Khê, 161 Nguyễn Văn Linh, Thạc Gián, Q. Thanh Khê
연락처 +84 511 3650 676
홈페이지 www.hoanmydanang.com

후에병원 Hue Central Hospital Bệnh viện Trung ương Huế
주소 16 Lê Lợi, Vĩnh Ninh, tp. Huế, Thừa Thiên Huế
연락처 +84 54 3822 325
홈페이지 bvtwhue.com.vn

자주 쓰는 단어

간호사 y tá 이따

감기 cam 깜

경찰 công an 꽁안

공항 Sân bay 썬바이

도둑 kẻ trộm 께쯤

물 nước 느억

박물관 bảo tàng 바오땅

병원 Bệnh viện 벤 비엔

시장 chợ 쩌

식당 Nhà hàng 냐항

약 thuốc 투옥

약국 Nhà thuốc 냐 투옥

에어컨 Máy lạnh 마이 란

여권 hộ chiếu 호찌에우

역 nhà ga 냐가

예약 đặt phòng 닷퐁

은행 Ngân hàng 응언항

의사 Bac sy 박시이

자전거 xe đạp 세답

주소 địa chỉ 디아 찌이

한국대사관 Tòa đại sứ hàn Quốc 또아 다이 스 한꾸억

화장실 Nhà vệ sinh 냐베싱

환전 đổi tiền 도이 띠엔

호텔 khách sạn 칵산

인사말

안녕하세요 Xin chào 신 짜오

고맙습니다 Cảm ơn 깜언

수고하세요 Chào anh 짜오 아잉(남자에게)

수고하세요 Chào chị 짜오 찌(여자에게)

미안합니다 Xin lỗi 신 로이

실례합니다 Xin hỏi 신 호이

잠깐만요 Đợi chút 더이쯧 쯧

잘 가요 Tạm biệt 땀 비엣

이름이 뭐예요? Ten em la gi? 뗀엠 라지?

저는 한국 사람입니다 Tôi là người Hàn Quoe 또이 라 응어이 한꾸억

네 Vàng 방

아니오 Không 콩

천만에요 Không có gì 콩꼬지

모르겠어요 Không hiểu 콩 히에우

괜찮습니다 Khong sao 콤 싸오

싫어요 Tôi không thích 또이 콩틱

알았어요 Biet roi 비엣 로이(조이)

맞아요 Đúng rồi 둥로이

식당과 카페에서

계산서 주세요 Cho tôi hóa đơn 쪼또이 화던

계산할게요 Tính tiền 띤 띠엔 Tôi thanh toán 또이 탱 또안(하노이에서 많이 쓰임)

고수는 빼 주세요 Không Rau thơm 콩라우텀

다시 말씀해주세요 Xin hãy nói lại 씬하이 노이라이

메뉴 좀 보여주세요 cho tôi xem thực đơn 쪼또이 셈 득떤

생수 주세요 Cho tôi nước suối khoáng 쪼또이 느억 쑤오이 캉

아메리카노 한 잔 주세요 Cho tôi một cốc Americano 쪼또이 못 꼭 아메리카노

얼마예요? Bao nhiêu tiền 바우 니우 띠엔?

주문받으세요 Cho chúng tôi gọi món 쪼쭝 또이 고이몬

테이크 아웃 해주세요 Tôi sẽ mang đi ra ngoài. 또이 쎄 망 디 자 응와이

화장실은 어디예요? Nhà vệ sinh ở đâu? 냐베씽 어 더우?

음식 관련 단어

국수 Phở 퍼
국수 Bún 분
닭고기 Thịt gà 팃가
돼지고기 Thịt heo 팃해오
라이스페이퍼 Bánh tráng 반짱
밥 Cơm 껌

빵 Bánh mì 반미
소고기 Thịt bò 팃보
소금 Muối 무오이
식당 Nhà hàng 냐항
새우 tôm 똠
생선 Cá 까

샐러드 Gỏi Ngó Sen 고이응오센
야채 Rau 라우
오리고기 Thịt vịt 팃빗
전골 Lâu 러우

음료 관련 단어

레몬주스 Nước Chanh 느억짠
맥주 Bia 비어
물 Nước 느억
사탕수수 주스 Nước Mía 느억미아
수박주스 Nước dưa hấu 느억 즈어허우

술 rượu 르어우
신또 Sinh tố
오렌지주스 Nước cam 느억깜
옥수수우유 Sữa bắp 수어 밥
짜다 Trà Đá

째 Chè
카페 쓰어다 Cà Phê Sữa Dá

과일 관련 단어

두리안 Sầu riêng 서우리엥
람부탄 Chôm chôm 촘촘
로즈애플 Mận 먼
망고 Xoài 쏘아이

망고스틴 Măng cụt 망꿋
백향과패션 푸르츠 Chanh dây 짜잉저이
석가두 mãng cầu 망꺼우
스타애플 Vú sữa 부스어

용과 thanh long 타인롱
용안 nhãn 냔
코코넛 Trái Dừa 짜이즈어

물건 살 때 쓰는 표현

깎아 주세요 Giảm giá đi 쟘 쟈~디
나중에 또 올게요 Lần sau tôi lại đến. 런 싸우 또이 라이 덴
너무 비싸요 Mắc quá 막꾸아
바가지 씌우지 마세요! Xin đừng nói thách! 신등 노이 탁!
싸게 해주세요 Bớt đi 벗디
얼마예요? Bao nhiêu tiền 바우 니우 띠엔?
이거 다른 사이즈는 없어요? Sản phẩm này không có cỡ khác ư? 싼 펌 나이 콩 꼬 꺼 칵 으?
이거 입어 봐도 될까요? Cái này mặc thử được không? 까이 나이 막 트 드억 콩?
이게 뭐죠? Cái này là cái gì? 까이 나이 라카지?
환불해 주실 수 있을까요? Cho tôi lấy lại tiền được không? 쪼 또이 러이 라이 띠엔 드억 콩?

교통 관련 표현

택시 Taxi 딱시

운전기사 Người lái xe 응어이 라이 세

차를 렌트하고 싶습니다 Tôi muốn thuê xe 또이 무온 투에(퉤) 쎄

하루에 얼마입니까? Một ngày bao nhiêu tiền? 못 응아이 바우 니에우 띠엔?

빨리 가주세요 Xin nhanh lên 신냔렌

천천히 가세요 Xin chầm chậm 신쩜쩜

여기 세워 주세요 Dừng lại ở đây 증 라이 어다이

긴급상황 시 표현

경찰을 불러 주세요 Hãy gọi công an giúp tôi. 하이 고이 꽁 안 줍 또이

다리가 부러진 것 같아요 Hình như bị gãy chân. 힝 뉴 비 가이 쩐

도와주세요 Giúp tôi với 줍 또이 버이

움직일 수가 없어요 Không thể di chuyển. 콩 테 디 쭈옌

피를 흘리고 있어요 Máu đang chảy. 마우 당 짜이

감정표현

기뻐요 Vui mừng 부이 믕

깜짝 놀랐어요 Giật cả mình 젓 까 밍

슬퍼요 Buồn 부온

저는 반대입니다 Tôi phản đối. 또이 판 도이

지루하네요 Chán quá. 짠 꾸어

찬성합니다 Tán thành. 딴 타잉

숫자

0 không 콩

1 một 못

2 hai 하이

3 ba 바

4 bốn 본

5 năm 남

6 sáu 사우

7 bảy 바이

8 tám 땀

9 Chín 찐

10 mười 므어이

20 hai mười 하이 므어이

100 một trăm 못짬

1,000 một nghìn 못 응인

10,000 mười nghìn 므어이 응인

100,000 một trăm ngàn 못짬 응안

시각

아침 Sáng 쌍

점심 trưa 쯔어

저녁 tối 또이

오전 Buổi sáng 부오이 쌍

오후 buổi chiều 부오이 찌에우

요일

월요일 Thứ hai 트 하이

화요일 Thứ ba 트 바

수요일 Thứ tư 트 뜨

목요일 Thứ năm 트 남

금요일 Thứ sáu 트 싸우

토요일 Thứ bảy 트 바이

일요일 Chủ nhật 쭈

INDEX

어반 플러스 다낭

지은이 김문환

초판 1쇄 발행일 2019년 7월 5일

기획 및 발행 유명종
편집 이지혜
디자인 이다혜
조판 신우인쇄
용지 에스에이치페이퍼
인쇄 신우인쇄

발행처 디스커버리미디어
출판등록 제 300-2010-44(2004. 02. 11)
주소 서울시 종로구 사직로8길 34 경희궁의 아침 3단지 오피스텔 431호
전화 02-587-5558
팩스 02-588-5558

ISBN 979-11-88829-09-5 13980

표지 사진 Flickr_ 4512 Image Hosting - 最高质量的照片

김문환

국내 굴지 여행사에서 4年 동안 베트남을 비롯한 인도차이나반도 여러 나라의 여행상품을 기획하였다. 지금은 같은 여행사에서 여행 콘텐츠를 개발하며 여행 작가로 활동하고 있다. 여행은 마음먹었을 때 망설임 없이 떠나야 하며, 동시에 목적이 있어야 한다는 뚜렷한 여행관을 가지고 있다. 항상 여행이란 무엇인지 고민하며 여행을 떠난다. 저서로 <저스트고 냐짱>, <앙코르와트, 지금 이 순간>, <삼거리에서 만나요>(공저)가 있다.

Blog munani0918.blog.me
Instagram instagram.com/jacksonmhk
Youtube bit.ly/walktoday